虚拟现实技术与动画专业应用系列丛书

Unity 3D

可视化VR应用开发实战 零代码版·微课视频版

徐志平 编著

U0203159

清华大学出版社

北京

内 容 简 介

随着 Unity 逐步推广 XR 技术以及可视化脚本技术，利用 Unity XR Toolkit 以及可视化脚本在面向移动设备的虚拟现实应用开发中必将大有作为。编写本书的目的就在于为读者在虚拟现实环境中进行开发时可能遇到的一系列问题提供较为完整的解决方案。全书分为基础篇和实战篇两部分。第一部分为基础篇，讨论了建立 VR 程序，在 VR 环境中移动，VR 控制器，与物体简单的交互，与物体复杂的交互，制作互动的武器，可以双手互动的物体，可吸附区域，在 VR 中射箭、投掷物体、砍切物体以及攀爬等 VR 交互基础功能的实现。第二部分为实战篇，分别介绍"保卫阿尔法号"游戏以及"复旦校史馆"应用两个真实的 VR 应用的实现。书中的每个章节都有相应的实现代码。

本书主要面向广大从事虚拟现实应用开发设计的人员、从事虚拟现实应用设计教育的专任教师和计算机专业的学生等。

图书在版编目(CIP)数据

Unity 3D 可视化 VR 应用开发实战：零代码版：微课视频版/徐志平编著.—北京：清华大学出版社，2022.7(2024.8重印)

(虚拟现实技术与动画专业应用系列丛书)

ISBN 978-7-302-60747-2

Ⅰ. ①U…　Ⅱ. ①徐…　Ⅲ. ①游戏程序－程序设计－教材　Ⅳ. ①TP317.6

中国版本图书馆 CIP 数据核字(2022)第 075938 号

责任编辑：陈景辉　薛　阳
封面设计：刘　键
责任校对：焦丽丽
责任印制：刘　菲

出版发行：清华大学出版社
　　　网　　　址：https://www.tup.com.cn,https://www.wqxuetang.com
　　　地　　　址：北京清华大学学研大厦 A 座　　　邮　　编：100084
　　　社 总 机：010-83470000　　　邮　　购：010-62786544
　　　投稿与读者服务：010-62776969，c-service@tup.tsinghua.edu.cn
　　　质量反馈：010-62772015，zhiliang@tup.tsinghua.edu.cn
　　　课件下载：https://www.tup.com.cn,010-83470236
印 装 者：三河市铭诚印务有限公司
经　　销：全国新华书店
开　　本：185mm×260mm　　印　张：17　　　　字　　数：414 千字
版　　次：2022 年 8 月第 1 版　　　　　　　印　　次：2024 年 8 月第 3 次印刷
印　　数：2301～2800
定　　价：89.90 元

产品编号：091074-01

前　言
PREFACE

随着 Unity 逐步推广 XR 技术以及可视化脚本技术，利用 Unity XR Toolkit 以及可视化脚本在面向移动设备的虚拟现实应用开发中必将大有作为。提前布局 VR 硬件和应用内容的相关公司和个人，有望在未来的发展中占据先发优势。

本书以问题为导向，非常适合具备 Unity 可视化编程基础的读者学习。读者可以在短时间内学习书中介绍的所有方法并将其应用到自己的 VR 应用中。

本书是一本面向移动 VR 平台的可视化脚本编程书籍，共有 16 章。

第 1 章从建立第一个 VR 程序作为切入点，指导读者如何面向 HTC Vive Focus Plus、Pico Neo 3 以及 Oculus Quest 2 构造和部署第一个 VR 程序。

第 2 章首先介绍 VR 应用开发的基本概念以及 VR 移动原理，并指导实现基本连续移动功能和为瞬移功能提供视觉反馈，最后介绍实现可随时开启的瞬移控制器的方法。

第 3 章首先让读者了解如何获取控制器特定按键是否按下以及按下程度，如何获取控制器触控板的输入，如何获取控制器的位置信息，最后介绍在 VR 环境中定制虚拟手来反馈控制器的输入。

第 4～12 章介绍在 VR 中如何与物体的简单交互，如何开门，如何打开抽屉，如何拨动摇杆，如何仿真一把 VR 中可以交互的手枪，如何实现双手同时对一个物体交互，如何建立一个自定义随身运动的吸附区域以及如何在 VR 中实现射箭、投掷物体、切砍物体和攀爬等功能。

第 13 章介绍如何利用反向动力学以及 Rigging 给 VR 用户添加可以运动的 VR 形象。

第 14 章从 CPU 优化、GPU 优化、使用 Wave SDK 避坑指南以及编码建议等方面向读者提供 VR 应用程序的优化技巧。

第 15 章揭示在 HTC VivePort 上发售的一款面向移动平台的 VR 游戏"保卫阿尔法号"的技术实现，从背景环境设定、玩家设定、重启游戏设定、游戏管理器设定、奖励管理器设定以及敌人设定等方面介绍整个 VR 游戏的技术实现细节。

第 16 章介绍如何利用移动 VR 技术进行"复旦校史馆"的展示，从场景建模、展品建模、场景设计以及交互设计 4 个方面介绍如何进行博物馆类的 VR 应用开发，对于读者开发类似 VR 博物馆、展示馆之类的应用具有一定的参考价值。

本书特点

(1) 内容由浅入深，循序渐进。

本书结构合理,内容由浅入深,循序渐进。不仅适合初学者阅读,也非常适合具有一定开发 VR 应用需求的技术人员学习。

（2）重点突出,目标明确。

本书立足于基本概念,面向应用技术,以必要、够用为标准,以掌握概念、强化应用为重点,加强理论知识和实际应用的统一。

（3）图文并茂,实例丰富。

本书加入大量的操作截屏,针对性强。通过典型的实例分析,帮助读者较快地掌握 VR 的基本知识、方法、技术应用。

配套资源

为便于教与学,本书配有微课视频(215 分钟)、源代码、安装程序、教学课件、教学大纲。

（1）获取微课视频方式：先刮开并扫描本书封底的文泉云盘防盗码,再扫描书中相应的视频二维码,观看视频。

（2）获取源代码和安装程序方式：先扫描本书封底的文泉云盘防盗码,再扫描下方二维码,即可获取。

源代码

安装程序

（3）其他配套资源可以扫描本书封底的“书圈”二维码,关注后回复本书的书号即可下载。

读者对象

本书主要面向广大从事虚拟现实应用开发设计的人员、从事虚拟现实应用设计教育的专职教师和计算机专业的学生等。

由于时间仓促,加之作者水平有限,书中难免存在疏漏之处,真诚地希望能得到各位专家和广大读者的批评指正。

编　者

2022 年 5 月

目 录

CONTENTS

第二部分　实战篇

第一部分

基　础　篇

第❮1❯章

建立第一个VR程序

开发面向移动设备的虚拟现实（Virtual Reality，VR）应用程序以及游戏是一项令人激动的事情，它有望改变人们与信息、朋友和整个世界进行交互的基本方式。

虚拟现实是由计算机生成的对 3D 环境的模拟，对于正在使用特殊电子设备体验它的人来说，它看起来非常真实，其目标是要达到一种处于虚拟环境中的强烈感觉。

利用目前消费级的 VR 技术，人们通过戴上头戴式显示器观察立体的 3D 场景，可以通过移动头部观察四周，并且通过手柄控制器或者动作传感器以实现在 VR 场景内四处走动。人们会被带入沉浸感十足的体验中，就像真正处在某个虚拟世界中一样。HTC 公司于 2019 年发布了无须连接计算机或定位器的独立 VR 设备 HTC Vive Focus Plus，如图 1-1 所示。

图 1-1　HTC Vive Focus Plus

视频讲解

1.1　Android SDK 设定

可以利用 Unity 面向 Vive Focus Plus 设备开发 VR 应用程序或者游戏。在为该设备开发 VR 应用程序之前，需要进行相应的环境设定。在安装 Unity 时（本书所涉及的 Unity 版本是 Unity 2021.1.16f1c1），确保已经选择了 Android Build Support 的所有子选项，如图 1-2 所示。

在安装完成之后，基于该 Unity 版本建立任意项目，在 Unity 编辑器的菜单栏中选择 Edit→Preferences 选项，会弹出 Preferences 设定窗口，选择 External Tools，单击 Android SDK Tools Installed with Unity(recommended)项目对应的 Copy Path 按钮，将 Unity 自带的 Android SDK 路径复制到剪贴板上，如图 1-3 所示。

下载并安装 Android Studio，安装完毕后，在 Windows 系统的"开始"菜单中找到 Android Studio 启动项并右击，在弹出的上下文菜单中选择"更多"→"以管理员身份运行"

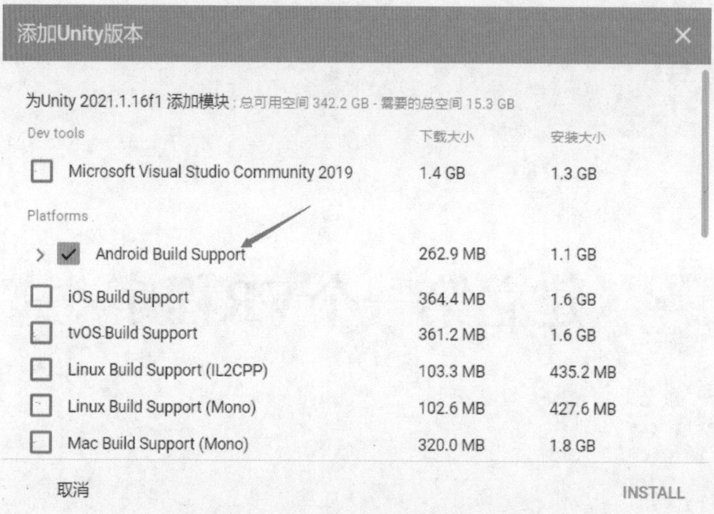

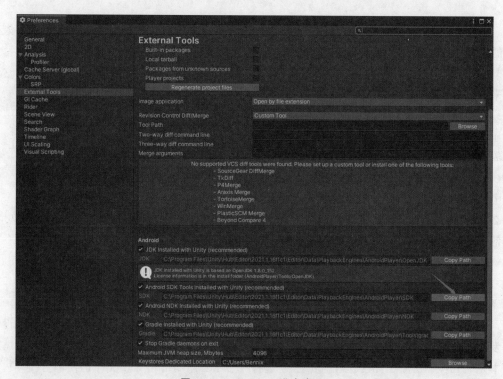

图 1-2　选择 Android Build Support 的所有子选项

图 1-3　Preferences 设定窗口

启动该项目，从而使得 Android Studio 能够以系统最高权限运行，以便修改 Unity 自带的 Android SDK，如图 1-4 所示。

　　在 Android Studio 启动界面中选择 Configure→SDK Manager 选项，如图 1-5 所示，启动 SDK 管理器。

　　单击 Android SDK Location 文本框后的 Edit 按钮，如图 1-6 所示。

图 1-4　Android Studio 启动项

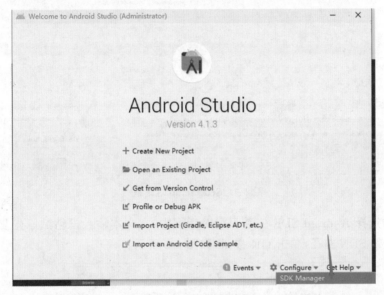

图 1-5　启动 SDK 管理器

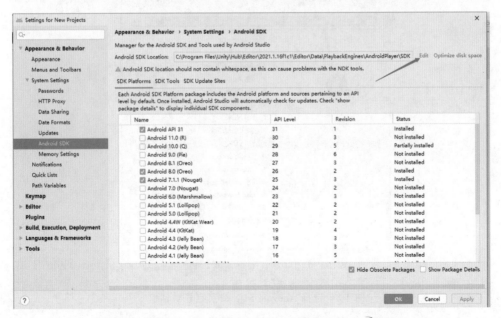

图 1-6　单击 Android SDK Location 文本框后的 Edit 按钮

在弹出的 SDK Setup 对话框中单击文件夹图标，如图 1-7 所示。

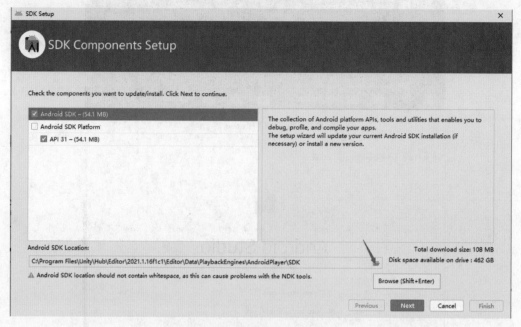

图 1-7　SDK Setup 对话框

在弹出的选择 Android SDK 安装目录对话框中，在文本输入框粘贴原先复制的 Unity 自带的 Android SDK 路径，单击 OK 按钮，如图 1-8 所示。

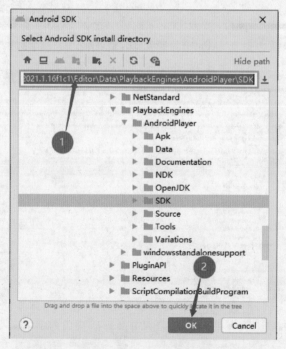

图 1-8　选择 Android SDK 安装目录对话框

在 Android SDK 面板中选择 Android 8.1、Android 8.0 以及 Android 7.1.1,单击 Apply 按钮,完成 SDK 的设定,如图 1-9 所示。

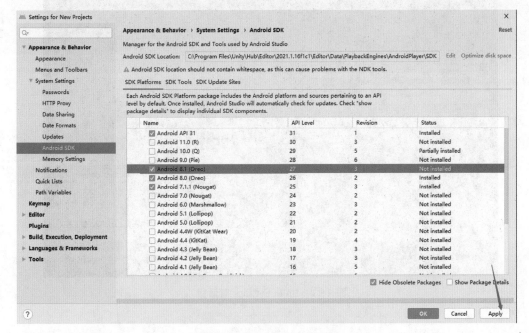

图 1-9 Android SDK 面板

在 Unity 编辑器的菜单栏中选择 File→Build Settings 选项,如图 1-10 所示。

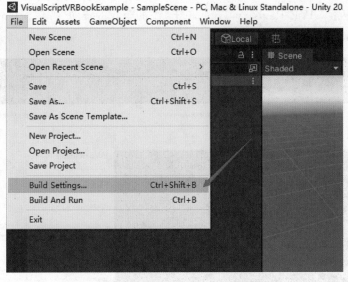

图 1-10 选择 File→Build Settings 选项

在弹出的 Build Settings 对话框中选择 Android 选项,单击 Switch Platform 按钮,将目标平台切换到 Android 平台,如图 1-11 所示。

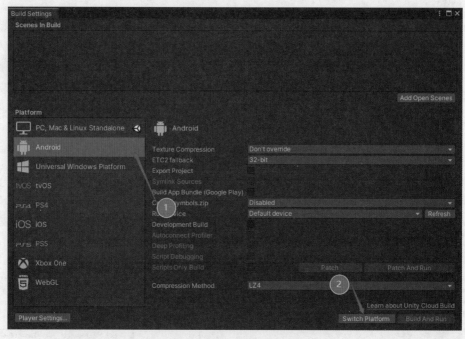

图 1-11 Build Settings 对话框

视频讲解

1.2 面向 HTC Vive Focus Plus 开发 VR 应用程序

要面向 HTC Vive Focus Plus 开发 VR 应用程序,需要在浏览器中打开 Unity Asset Store 并在其中搜索 VIVE Registry Tool,单击"添加至我的资源"按钮。Unity Asset Store 界面如图 1-12 所示。

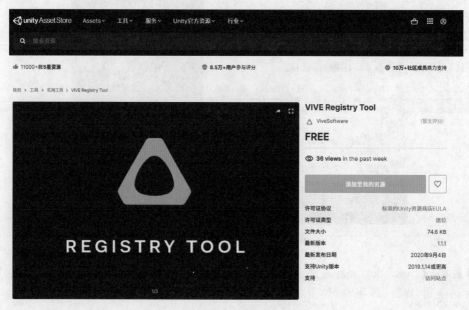

图 1-12 Unity Asset Store 界面

在 Unity 编辑器的 Package Manager 中的 Packages：My Assets 选项列表中选中
VIVE Registry Tool，单击 Import 按钮，导入该包，如图 1-13 所示。

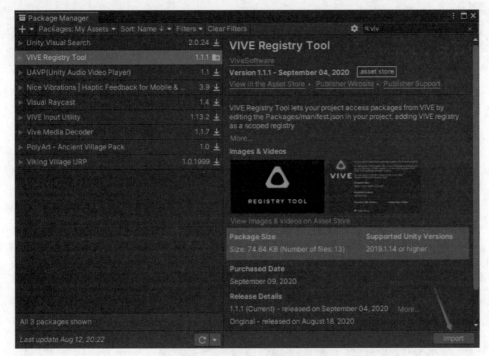

图 1-13 Package Manager

在弹出的 Import Unity Package 对话框中，单击 Import 按钮，如图 1-14 所示。

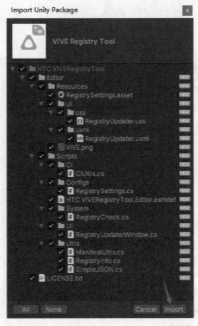

图 1-14 Import Unity Package 对话框

在弹出的 VIVE Registry Tool 对话框中，单击 Add 按钮，将 VIVE 包源注册到项目中，如图 1-15 所示。

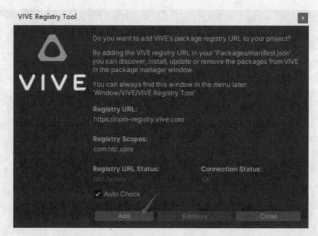

图 1-15   VIVE Registry Tool 对话框

在 Package Manager 中单击齿轮图标，选择 Advanced Project Settings 选项，如图 1-16 所示。

图 1-16   选择 Advanced Project Settings

在弹出的 Project Settings 对话框的 Package Manager 面板中，开启 Enable Pre-release Packages 选项，如图 1-17 所示。

图 1-17   Package Manager 面板

开启 Enable Pre-release Packages 选项后会弹出对话框，如图 1-18 所示。该对话框告知开发者，如选择了预发行版的包可能会遇到的问题。

在 Package Manager 中选中 My Registries 条目，如图 1-19 所示。

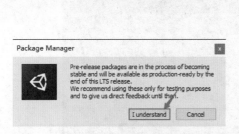

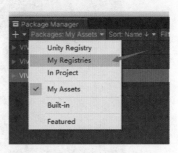

图 1-18　提示对话框　　　　　　　　图 1-19　选中 **My Registries** 条目

在 Package Manager 对话框中选择 VIVE Wave XR Plugin-Essence 项目，单击 Install 按钮，如图 1-20 所示。

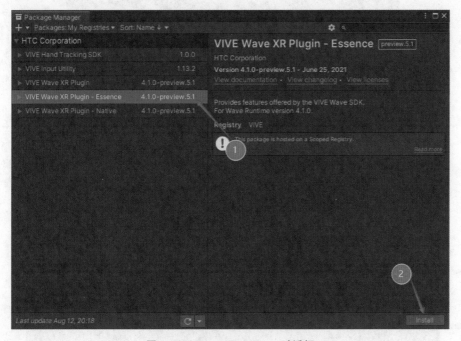

图 1-20　**Package Manager** 对话框

紧接着会弹出 WaveXRPlayerSettingsConfigDialog 对话框，单击 Accept All 按钮，如图 1-21 所示。

在 Package Manager 对话框中选择 XR Interaction Toolkit，单击 Installing 按钮，如图 1-22 所示。

系统会弹出是否使用新的输入系统的确认对话框，如图 1-23 所示，单击 No 按钮。

为了防止以后每次打开项目都弹出如图 1-23 所示的对话框，可以在 Project Settings 对话框的 Player 面板中将 Active Input Handling 设定为 Both，如图 1-24 所示。

图 1-21　WaveXRPlayerSettingsConfigDialog 对话框

图 1-22　选择 XR Interaction Toolkit

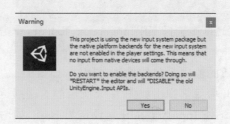

图 1-23　使用新的输入系统的确认对话框

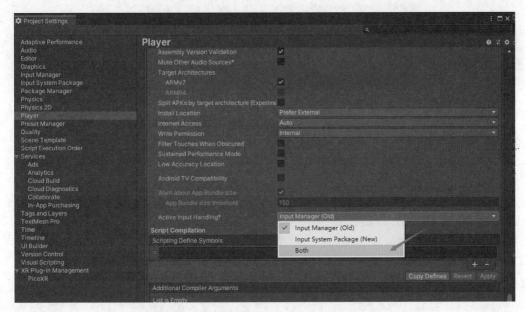

图 1-24 将 Active Input Handling 设定为 Both

在 Project Settings 对话框的 XR Plug-in Management 面板中，开启 WaveXR 选项，如图 1-25 所示。

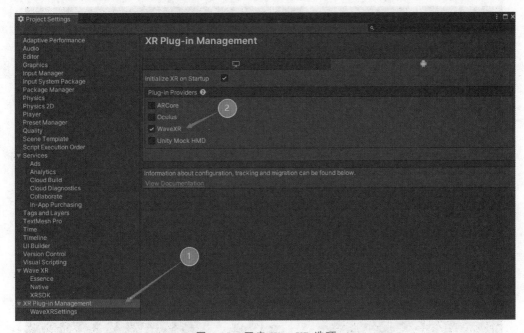

图 1-25 开启 WaveXR 选项

在 Unity 编辑器的菜单栏中选择 Wave→GameObject→Auto Add Interaction Mode Manager，使该选项处于不开启模式，如图 1-26 所示。

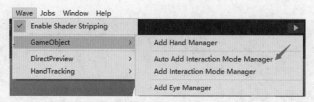

图 1-26　选择 Wave→GameObject→Auto Add Interaction Mode Manager

视频讲解

1.3　面向 Pico Neo 3 开发 VR 应用程序

2021 年 5 月，国内 VR 品牌商 Pico 发布了新一代 6DoF VR 一体机 Pico Neo 3 系列，搭载了高通骁龙 XR2 处理器，支持光学追踪、瞳距调节，如图 1-27 所示。

利用 Unity 面向该设备开发 VR 应用程序，需要首先访问 developer.pico-interactive.com 网站，单击 SDK Download 按钮，如图 1-28 所示。

选择 Unity XR Platform SDK 选项，单击 Download 按钮下载最新的 SDK（本书对应的版本是 1.2.3），如图 1-29 所示。

图 1-27　一体机 Pico Neo 3

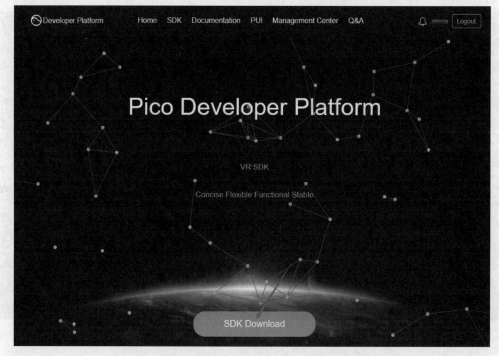

图 1-28　developer.pico-interactive.com 网站

将下载的 SDK 压缩包解压至任意目录，如图 1-30 所示。

图 1-29 Unity XR Platform SDK 选项

图 1-30 解压 SDK 压缩包至任意目录

在 Unity 中创建名为 PicoDemo 的项目,如图 1-31 所示。

在 Unity 编辑器的菜单栏中选择 File→Build Settings 选项,将目标平台切换到 Android,将 Texture Compression 设定为 ASTC,单击 Switch Platform 按钮,如图 1-32 所示。ASTC 是在 OpenGL ES3.0 出现后在 2012 年产生的一种业界领先的纹理压缩格式,它的压缩分块从 4×4 到 12×12,最终可以压缩到每个像素占用 1bit 以下,压缩比例有多种可选。ASTC 格式支持 RGBA,且适用于 2 的幂次方长宽等比尺寸和无尺寸要求的 NPOT (Non-Power-Of-Two,非 2 的幂次方) 纹理。ASTC 在压缩质量和容量上有很大的优势。Android 主流压缩格式正在从 ETC2 转向 ASTC。

在 Unity 编辑器的菜单栏中选择 Window→Package Manager 选项,打开 Package Manager 面板,单击加号图标,选择 Add package from disk 选项,如图 1-33 所示。

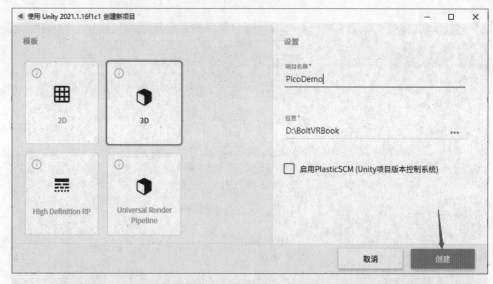

图 1-31　创建名为 PicoDemo 的项目

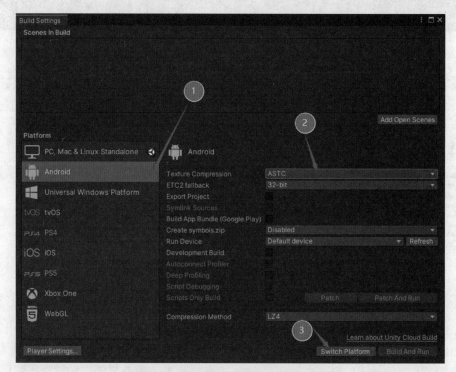

图 1-32　将目标平台切换到 Android

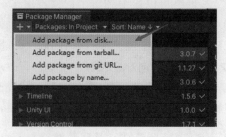

图 1-33　选择 Add package from disk 选项

在弹出的 Select package on disk 对话框中选择 package.json，单击"打开"按钮，如图 1-34 所示。

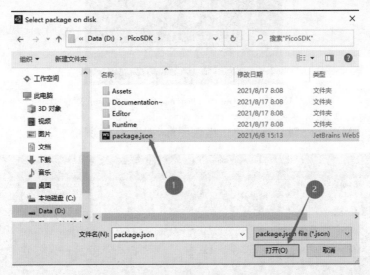

图 1-34 选择 package.json

在弹出的 PXR SDK Setting 对话框中，关闭 User Entitlement Check 选项，单击 Apply 按钮，如图 1-35 所示。

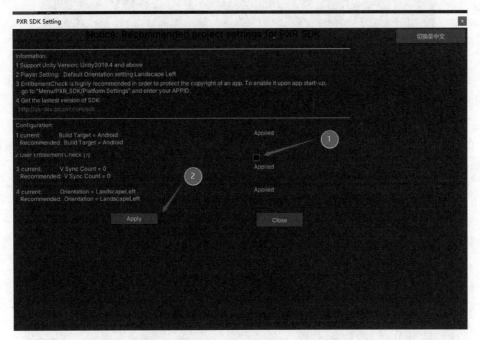

图 1-35 关闭 User Entitlement Check 选项

在弹出的 Ignore the recommended configuration 对话框中单击 Ignore 按钮，如图 1-36 所示。

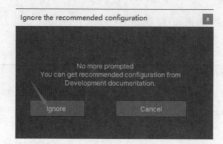

图 1-36　Ignore the recommended configuration 对话框

在 Package Manager 对话框中单击齿轮图标,如图 1-37 所示。

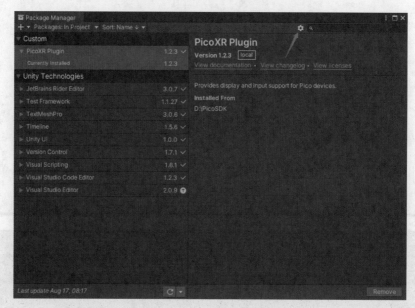

图 1-37　单击齿轮图标

在弹出的 Project Settings 对话框的 Package Manager 面板中,开启 Enable Pre-release Packages 选项,如图 1-38 所示。

图 1-38　开启 Enable Pre-release Packages 选项

在 Project Settings 对话框的 XR Plug-in Management 面板中,开启 PicoXR 选项,如图 1-39 所示。

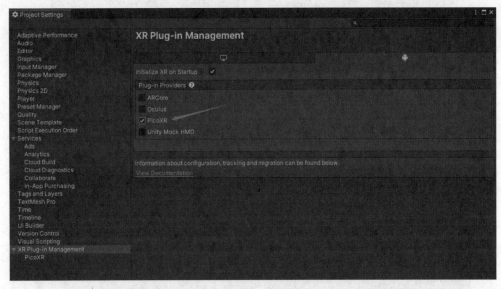

图 1-39　开启 PicoXR 选项

在 Project Settings 对话框的 Player 面板中,在 Graphics APIs 选项中将 OpenGL ES3 调整为第一个条目,如图 1-40 所示。

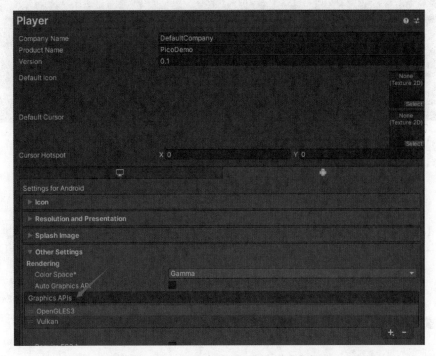

图 1-40　将 OpenGL ES3 调整为第一个条目

在同一页面上的 Identification 部分,将 Minimum API Level 以及 Target API Level 均

设定为 Android 10.0（API Level 29），如图 1-41 所示。

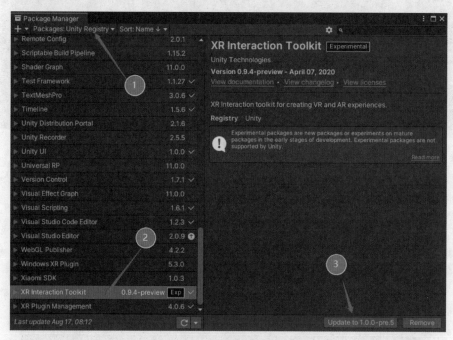

图 1-41　Identification 部分

在 Package Manager 对话框中选择 Packages：Unity Registry 下的 XR Interaction Toolkit，单击 Update to 1.0.0-pre.5 按钮，如图 1-42 所示。

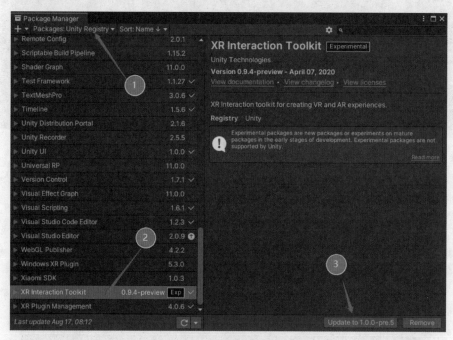

图 1-42　Package Manager 对话框

视频讲解

1.4　面向 Oculus Quest 2 开发 VR 应用程序

Oculus Quest 2 是来自 Facebook 公司的第二代独立虚拟现实头盔，Oculus Quest 2 比其前代产品功能更强大，它搭载高通晓龙 XR2 处理器和 6GB 内存，如图 1-43 所示。

要基于 Unity 为 Oculus Quest 2 开发 VR 应用程序，需要在 Unity 编辑器的菜单栏中选择 File→Build Settings 选项，将目标平台切换到 Android，将 Texture Compression 设定为 ASTC，单击 Switch Platform 按钮。接着在 Unity 编辑器的菜单栏中选择 Window→Package Manager 选项，在弹出的 Package Manager 面板中选择 Oculus XR Plugin，单击 Install

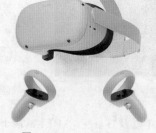

图 1-43　Oculus Quest 2

按钮，如图1-44所示。

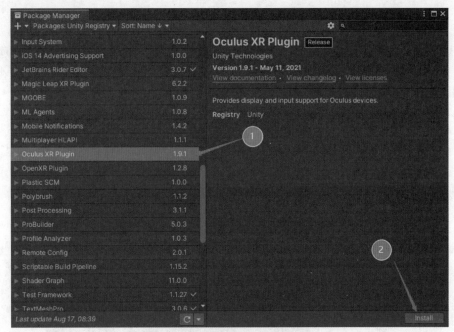

图1-44　选择Oculus XR Plugin

在Project Settings对话框的XR Plug-in Management面板中开启Oculus选项，如图1-45所示。

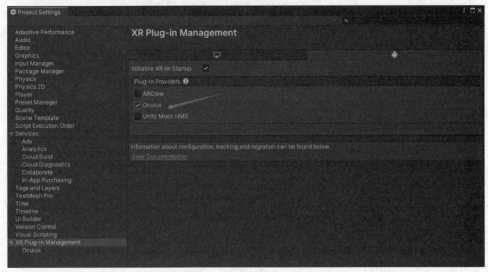

图1-45　开启Oculus选项

在Project Settings对话框的Package Manager面板中开启Enable Pre-release Packages选项，然后在Package Manager面板中选择XR Interaction Toolkit，单击Install按钮进行安装。

视频讲解

1.5 开发第一个 VR 应用程序

在 Unity 编辑器的 Hierarchy 视图中右击，在上下文菜单中选择 XR→Device-based→XR Rig 选项，建立一个基本的 VR Rig 游戏对象，该游戏对象是所有基于 Unity XR 平台的 VR 应用程序的基础，如图 1-46 所示。

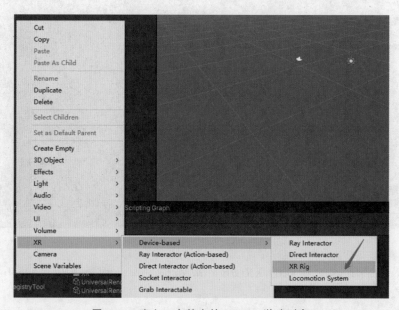

图 1-46　建立一个基本的 VR Rig 游戏对象

针对移动平台需要在 Project Settings 对话框的 Player 面板中将 Company Name 设定为自己期望的名称，不能使用默认的 DefaultCompany（在本书中指定为 FudanVR），如图 1-47 所示。

图 1-47　设定 Company Name

由于是面向移动平台的 VR 应用程序，所以需要在 Project Settings 对话框的 Quality 面板中将 Android 平台的默认水准（Default Levels）设定为 Medium，为了更加逼真地反映出阴影，可以将 Shadows 设定为 Hard and Soft Shadows，Shadow Distance 设定为 1，Shadow Near Plane Offset 设定为 0，这样设定可以使影子轮廓更加清晰，如图 1-48 所示。

在 Unity 编辑器的菜单栏中选择 File→Build Settings 选项，打开 Build Settings 对话框，单击 Add Open Scenes 按钮以确保当前正在编辑的场景加入了要编译的场景，而且确保 Texture Compression 处于 ASTC 模式，用 USB 连接线连接相应的 VR 设备，单击 Refresh 按钮，确保 VR 设备出现在 Run Device 列表中并保持选中，然后单击 Build And Run 按钮，把应用部署到 VR 设备上，如图 1-49 所示。

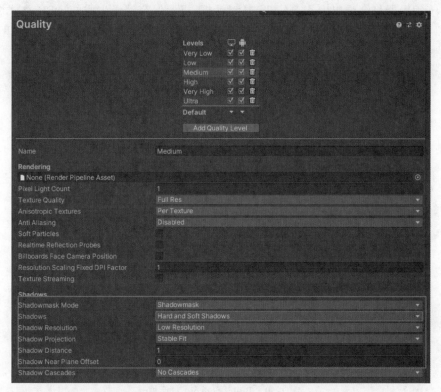

图 1-48　Quality 面板

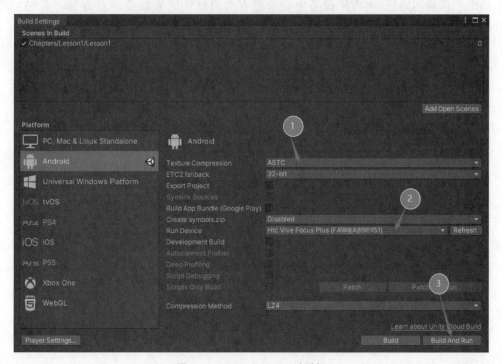

图 1-49　Build Settings 对话框

Unity 编辑器将会弹出 Build Android 对话框，提示保存编译生成的 APK 格式文件，单击"保存"按钮，如图 1-50 所示，即可完成编译结果的保存，接着 Unity 会把这里生成的 APK 文件部署到 VR 设备上。

图 1-50　Build Android 对话框

如果一切顺利的话，在 VR 设备中会看见有两根红色的直线分别对应着左右控制器。尽管内容很简单，但这是完成的第一个 VR 应用程序。

第 2 章

在VR环境中移动

目前的 VR 环境中只有代表控制器的简单的两根红线,VR 使用者既不能移动也不能交互,针对这种情况,本章将讨论如何利用 Unity XR 交互工具包(XR Interaction Toolkit)实现在 VR 环境中进行移动的功能。

首先,XR 交互工具包是一个基于组件的高级交互系统,用于创建 VR 和 AR 体验。它提供了一个框架,使 3D 和 UI 交互动作可以从 Unity 输入事件中获得。这个系统的核心是一套基本的 Interactor 和 Interactable 组件,以及一个将这两类组件联系在一起的 Interaction Manager。它还包含一些辅助组件,可以用它们来扩展绘制视觉效果的功能,并挂载自定义的交互事件。

XR 交互工具包面向 VR 应用包含一组支持以下交互任务的组件。

- 跨平台的 XR 控制器输入。
- 基本游戏对象的悬停、选择和抓取。
- 通过 XR 控制器提供触觉反馈。
- 视觉反馈指示可能的和活跃的交互活动。
- 与 XR 控制器的基本画布 UI 交互。
- 用于处理固定和房间规模的 VR 体验的 VR 摄影机设备。

注意:这个包是作为预览包提供的,这个软件包的功能和文档可能会在以后发生变化。

2.1　VR 应用开发的基本概念

视频讲解

在 Unity 中,对以下概念有一定了解会对 VR 应用开发大有裨益。

1. 控制器

控制器(Controller)是一个将 XR 控制器的输入(如按下按钮)转换为悬停或选择等交互事件的组件。在 Unity XR 中的控制器还提供了一种显示控制器模型和向控制器发送触觉反馈的方法。

2. 对象

对象(Object)是指用户在虚拟世界中看到的或与之互动的任何东西。

3. 交互器

交互器(Interactor)是指具备交互功能的对象，一个交互器组件控制一个对象如何与场景中的其他对象进行交互。交互器有多种类型，如 Ray Interactor、Direct Interactor 等。

4. 可交互的对象

可交互的对象(Interactable)是指在一个场景中，用户可以与之交互的对象，这些对象接受例如抓取、按下或丢弃的操作。

5. 悬停

悬停(Hover)是指交互者处于有效状态，可以与一个物体进行交互。

6. 选择

选择(Select)是指交互者目前正在与一个对象进行交互的状态。

7. 交互管理器

交互管理器(Interaction Manager)是用于处理一组交互者和可交互者之间交互的管理器组件。每个使用 XR 交互工具包的场景都需要至少一个交互管理器来促进交互者和可交互者之间的交互。在默认情况下，如果没有指定交互管理器，交互者和可交互对象会引用它们在场景中找到的第一个交互管理器；也可以用多个管理器来分割更大的场景，或者打开和关闭特定的管理器，以实现成套的交互。

8. XR Rig

XR Rig 指定了一个 Rig(骨架)、一个摄像机地面偏移对象(Camera Floor Offset Object)和一个摄像机对象(Camera Object)，还提供了配置 XR 设备的跟踪源模式选项。Unity 通过运动操控的游戏对象，在默认情况下，Rig 是 XR Rig 所连接的游戏对象。摄像机地面偏移对象是将摄像机移动到所需的离地高度的游戏对象。摄像机对象是包含摄像机组件的游戏对象，也就是渲染用户所见的主摄像机，也就是 XR 装备的"头部"。

9. 地面模式

地面模式(Floor mode)是一种相对于地面的跟踪模式。当场景开始时，原点就是地面。

10. 设备模式

设备模式(Device mode)是一种与设备有关的跟踪模式。当场景开始时，原点是设备，摄像机通过移动摄像机地面偏移对象间接地移动到由摄像机 Y 偏移值设置的高度。

11. 移动系统

移动系统(Locomotion System)控制哪个 Locomotion Provider(移动提供者)可以移动设备。Locomotion Provider 是各种运动实现的基类。

12. 瞬移

瞬移(Teleportation)是将 Rig 从一个位置传送到另一个位置。

13. 吸附转动

吸附转动(Snap Turn)是一种将装备旋转一个固定角度的运动类型。

14. 连续转动

连续转动(Continuous Turn)是可以在一定时间内平稳地转动 XR Rig 的一种运动类型。

15. 连续移动

连续移动(Continuous Move)是可以在一定时间内平稳地移动 XR Rig 的一种运动类型。

2.2 VR 移动原理

视频讲解

XR 交互工具包提供了一套运动基本组件,提供了在 VR 场景中移动的方法。这些组件包括以下 6 种。

- 一个代表用户的 XR Rig。
- 一个控制访问 XR 设备的运动系统。
- 一个带有传送目的地的传送系统。
- 按固定角度旋转设备的快转系统。
- 连续转动系统,可在一定时间内平稳地转动 Rig。
- 连续移动系统,可随着时间的推移平稳地移动 Rig。

移动系统负责管理一个 XR Rig。该 XR Rig 负责处理用户在 Unity 世界空间中的位置。移动系统可以在移动提供者移动 XR Rig 的时候限制对它的访问。例如,在瞬移提供者的要求下,运动系统会在瞬移动作中锁住 XR Rig,这可以确保用户在当前动作处于活动状态时,不能做另一个动作,比如快速转向或再次瞬移。

在瞬移结束后,瞬移提供者将放弃对系统的独占锁定,并允许其他运动提供者影响 XR Rig。如果有必要的话,运动提供者可以在不取得独占权限的情况下修改 XR 装备。但是,在给予移动提供者对 XR Rig 的非独占访问权之前,应该在它对 XR Rig 进行任何修改之前,始终检查一下移动系统是否繁忙。

移动系统请求的整体流程如下。

(1) 移动提供者检查移动系统当前是否繁忙。

(2) 如果移动系统不忙,移动提供者会请求对移动系统进行独占访问。

(3) 如果请求成功,移动提供者将移动 XR Rig。

当移动装置提供者完成了对用户位置和/或旋转的修改后,移动装置提供者将放弃对移动系统的独占访问。

如果移动系统很忙,或者移动提供者无法获得对移动系统的独家访问权,移动提供者就不应该修改移动系统的 XR Rig。移动系统使用 XR Rig 作为指代用户。在 Inspector 视图中 XR Rig 的属性如图 2-1 所示。

XR Rig 的属性如下。

Rig BaseGameObject:指示哪个游戏对象作为从跟踪空间到世界空间的转换。在推荐的层次结构中,它是 XR Rig 游戏对象。

Camera Floor Offset Object(摄像机地面偏移对象):如果设备跟踪原点不包含用户的

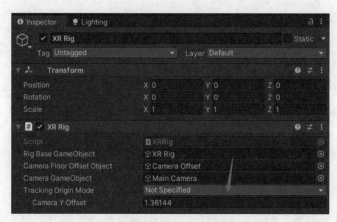

图 2-1　XR Rig 的属性

高度,则设置那个 GameObject 有一个垂直偏移。

CameraGameObject(摄像机游戏对象):表示哪个游戏对象持有用户的摄像机。因为用户的摄像机可能不在跟踪体积的原点。

Tracking Origin Mode(追踪原点模式):设置应用程序所希望使用的追踪原点,如图 2-2 所示。追踪原点模式在本书中可以设定为 Floor。

图 2-2　追踪原点模式

Camera Y Offset:世界空间单位的数量,如果设备追踪原点不包含用户的高度, Camera Floor Offset 对象所指定的游戏对象就会垂直向上移动。

在 Hierarchy 视图中右击,开启上下文菜单,选择 3D Object→Plane 选项创建一个三维平面,将其作为 VR 环境的地面。在 Hierarchy 视图中选择 Plane 游戏对象,单击 Inspector 视图中的 Layer 下拉菜单,选择 Add Layer 选项,如图 2-3 所示。

图 2-3　Inspector 视图中的 Layer 下拉菜单

在 Tags 以及 Layers 编辑器中,新命名 Teleportable 层,如图 2-4 所示。

将游戏对象 Plane 的 Layer 指定为 Teleportable,如图 2-5 所示。

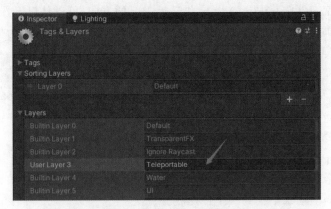

图 2-4　新命名 Teleportable 层

图 2-5　将游戏对象 Plane 的 Layer 指定为 Teleportable

为游戏对象 Plane 添加 Teleportation Area 组件，如图 2-6 所示。Teleportation Area 组件是 BaseTeleportInteractable 类的一个特殊化实现，它允许用户选择表面上的任何位置作为目的地。

图 2-6　添加 Teleportation Area 组件

Teleportation Area 组件的属性如图 2-7 所示。

图 2-7　Teleportation Area 组件的属性

匹配方向（Match Orientation）指定传送后 Rig 的方向，可以从以下选项中选择。
- 世界空间向上（World Space Up）：根据世界空间向上的矢量作为保持方向。
- 目标向上：根据目标 BaseTeleportationInteractable Transform 的向上向量确定方向。
- 目标向上及向前（Target Up And Forward）：根据目标 BaseTeleportationInteractable Transform 的旋转来确定方向。
- 无：在传送前和传送后保持相同的方向。

Teleport Trigger 指定当用户进入或退出选择区时是否会触发传送。Teleportation Provider 指明这个交互器与哪个 Teleportation Provider 通信。如果没有配置传送者，交互式界面会尝试在当前场景中找到一个传送者。

匹配方向用于指定传送时装备的旋转如何变化。如果应用程序不以任何方式旋转 Rig，并且总是希望装备的向上矢量与世界空间的向上矢量相匹配，应使用"世界空间向上"选项。

如果想让用户能够站在天花板、墙壁或其他倾斜的表面上，并让他们旋转以匹配，从而使天花板或墙壁感觉像他们的新地板，应选择"目标向上"选项。装备将与 Transportation Area 组件所连接的 Transform 的向上向量相匹配。

如果想让用户在到达目标时指向一个非常具体的方向，应选择"目标向上以及向前"选项，这将使装备的旋转与"传送区"所连接的变换的旋转相匹配。

如果不希望传送以任何方式改变旋转，并且希望用户在传送前后保持相同的旋转，应选择"无"选项。例如，如果整个应用程序的方向是 45°，可以旋转 Rig 的根变换，并将所有传送目标 Match Orientation 设置为 None。

给 Hierarchy 视图中的 XR Rig 游戏对象添加 Teleportation Provider 以及 Locomotion System 组件，如图 2-8 所示。

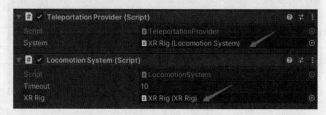

图 2-8　添加 Teleportation Provider 以及 Locomotion System 组件

移动系统（Locomotion System）充当了移动提供者访问 XR Rig 的仲裁者，其中超时（Timeout）控制单个 Locomotion Provider 对 Locomotion 系统的最大访问时间。默认情况下，该值被设置为 10s。XR Rig 指定某个移动系统将控制某个 XR Rig，可以根据需要在场景中拥有任意数量的移动系统和 XR Rig。默认情况下，它将在场景中找到 XR Rig 类型的物体。

移动系统应该位于 XR Rig 游戏对象上。瞬移提供者（Teleportation Provider）组件实现了 Locomotion Provider 这个抽象类，可以根据需要在场景中拥有尽可能多的 Teleportation Provider 组件的实例。然而，在大多数情况下，一个实例就足够了。一般把这个实例放在 XR Rig 游戏对象上。

2.3　基本连续移动功能

视频讲解

当前可以移动的区域太小了,需要在 Plane 游戏对象的 Transform 属性的 X 轴以及 Z 轴方向上分别扩大 10 倍,Plane 游戏对象的 Transform 属性如图 2-9 所示。

图 2-9　Plane 游戏对象的 Transform 属性

给 Hierarchy 视图中的 XR Rig 游戏对象添加 Character Controller 组件,如图 2-10 所示。需要把默认的 Center 属性的 Y 值改为 1,使得整个 Character Controller 均高于地面。

图 2-10　添加 Character Controller 组件

接着为 XR Rig 游戏对象添加 Character Controller Driver 组件,如图 2-11 所示。

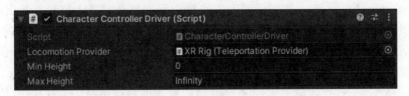

图 2-11　添加 Character Controller Driver 组件

可以使用 Character Controller Driver 来驱动 Rig 上的 Character Controller 在移动中的高度,例如,Continuous Move Provider 发出的移动事件可以允许在用户蹲下或站起并试图用操纵杆移动时,自动调整 Rig 的胶囊碰撞器(也就是用户)的高度。比如可以与其他碰撞器对象一起,限制用户向前移动,除非他们的头低于障碍物。使用最小高度(Min Height)和最大高度(Max Height)属性来限制这个行为所设置的角色控制器的高度,以防止出现不必要的极端情况。为身高极高的用户设置一个上限,使得角色控制器在典型的站立高度下穿过场景,而不需要迫使用户低头。

为 XR Rig 游戏对象添加 Continuous Move Provider（Device-based）组件，如图 2-12 所示。

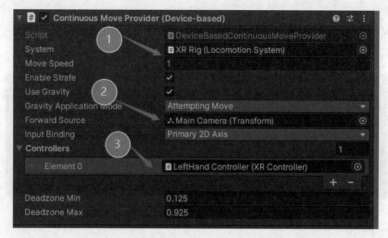

图 2-12　添加 Continuous Move Provider 组件

Continuous Move Provider 组件的属性如下。

- System(系统)：这个移动提供者将与移动系统进行通信，以获得对 XR 装备的独家访问权。如果没有提供，系统会在唤醒过程中尝试找到一个。
- Move Speed(移动速度)：向前移动的速度，以 m/s 为单位。
- Enable Strafe (是否启用横向移动)：控制是否启用横向移动。
- Use Gravity(是否使用重力)：控制在使用角色控制器时，重力是否会影响这个提供者。
- Gravity Application Mode(重力应用模式)：控制重力何时开始生效。
- Forward Source(前向源)：定义前进方向的源变换。
- Input Binding(输入绑定)：控制器设备上的 2D 输入轴，将被用来触发移动。
- Controllers(控制器)：控制器列表中的每个元素都是对 XR 控制器的引用，该控制器提供设备输入以触发移动。
- Deadzone Min(死区最小值)：低于此值的输入值将被钳制。钳制后，数值将被重新规范化为最小和最大之间的[0，1]。
- Deadzone Max(死区最大值)：高于此值的输入值将被钳制。钳制后，数值将被重新规范化为最小和最大之间的[0，1]。

在本例中，设定 System 为 XR Rig，设定 Forward Source 为 Main Camera(Transform)属性，设定在 Hierarchy 视图中的 LeftHand Controller 为 Controllers 列表中的一项。

为了更好地在视觉上反映出位移的情况，设定地板 Plane 游戏对象的材质如图 2-13 所示。

在场景中新建一个 Cube 对象作为参照物，使得用户知道自己是否处于位移状态，如图 2-14 所示。此时可以将应用部署到 VR 设备上，体验一下，用户可以通过在控制器的触控板上向上、下、左、右滑动手指完成向前、后、左、右移动，可以在代表手柄的光线变白的时候，按下控制器的 Grip 按钮来完成瞬移。

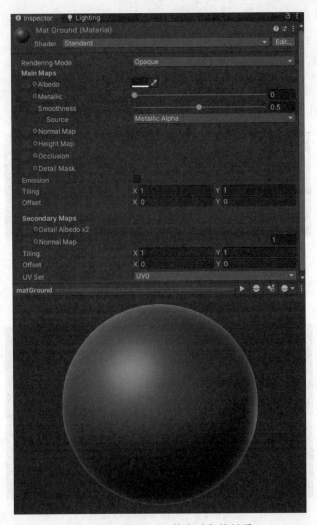

图 2-13　地板 Plane 游戏对象的材质

图 2-14　新建一个 Cube 对象作为参照物

2.4 为瞬移功能提供视觉反馈

目前的 VR 环境比较简单，需要建立一个标定物来表示要瞬移的目的地，这里建立一个圆柱体（Cylinder）作为标定物的基础，如图 2-15 所示。

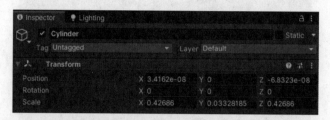

图 2-15　建立一个圆柱体（Cylinder）

将 Mesh Renderer 组件的 Cast Shadows 设定为 Off，关闭 Receive Shadows 选项，如图 2-16 所示。

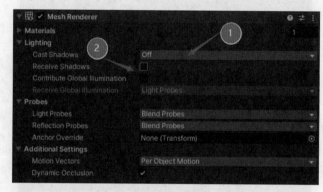

图 2-16　Mesh Renderer 组件

删除 Capsule Collider 组件，如图 2-17 所示。

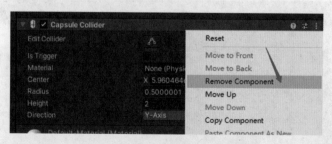

图 2-17　删除 Capsule Collider 组件

将该 Cylinder 的材质的 Shader 设定为 Wave/Essence/Hand/Model，如图 2-18 所示。

按 Ctrl＋D 键复制 Cylinder，Unity 编辑器自动将其命名为 Cylinder(1)，调整其大小，如图 2-19 所示。

将父对象 Cylinder 改名为 Rectile，如图 2-20 所示。

将 Rectile 游戏对象设定为不活跃，关闭 Rectile 选项，如图 2-21 所示。

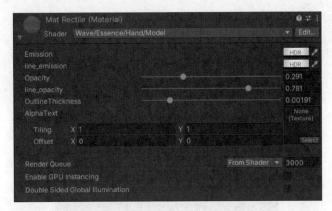

图 2-18　Cylinder 的材质的 Shader

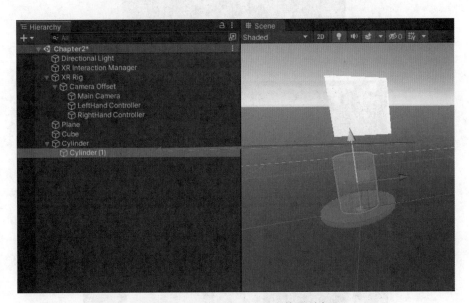

图 2-19　拖放为源 Cylinder 的子对象

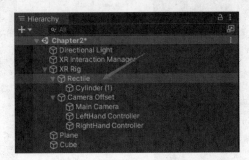

图 2-20　将父对象 Cylinder 改名为 Rectile

在 Hierarchy 视图中，选择 LeftHand Controller 游戏对象，如图 2-22 所示。

将 LeftHand Controller 的 XR Controller（Device-based）组件的 Select Usage 由 Grip 改为 Trigger，如图 2-23 所示。

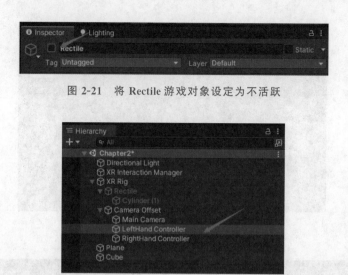

图 2-21   将 Rectile 游戏对象设定为不活跃

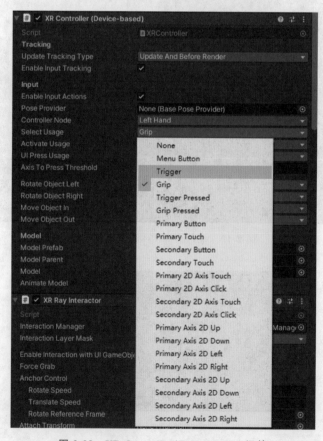

图 2-22   选择 LeftHand Controller 游戏对象

图 2-23   XR Controller（Device-based）组件

　　将 XR Ray Interactor 组件的 Interaction Layer Mask 设定为 Teleportable，如图 2-24
所示。

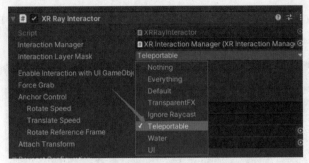

图 2-24　Interaction Layer Mask 设定

将 XR Ray Interactor 组件的 Raycast Configuration 下的 Line Type 设定为 Projectile Curve(抛物线)类型,如图 2-25 所示。

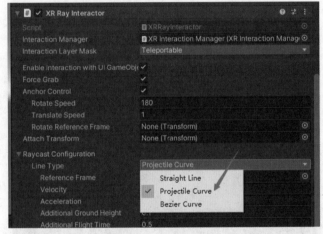

图 2-25　Line Type 设定

在 Unity 中导入 Dotline.png,并开启 Alpha Is Transparency 选项,如图 2-26 所示。

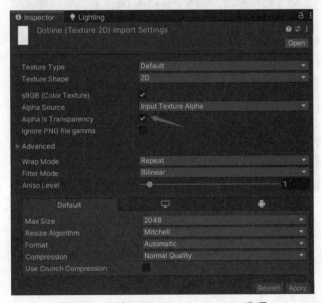

图 2-26　开启 Alpha Is Transparency 选项

建立名为 Mat Dot Line 的材质，设定其 Shader 为 Legacy Shaders/Particles/Additive，并设定 Particle Texture 为刚刚导入的 Dotline 纹理，如图 2-27 所示。

图 2-27　建立名为 **Mat Dot Line** 的材质

设定 LeftHand Controller 的 Line Renderer 组件的 Texture Mode 为 Repeat Per Segment，将 Materials 设定为 matDotLine，如图 2-28 所示。

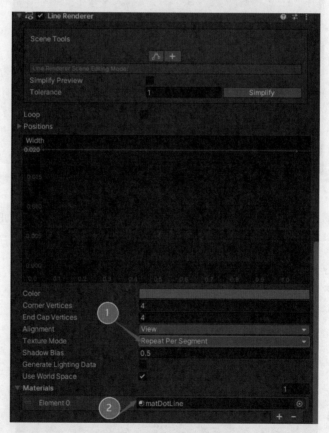

图 2-28　**Line Renderer** 组件

单击 XR Interactor Line Visual 组件的 Valid Color Gradient 相对应的色块，对颜色进行编辑，如图 2-29 所示。

在 Gradient Editor 中，首先单击色条左下角的颜色指标器并将颜色设定为蓝色，接着

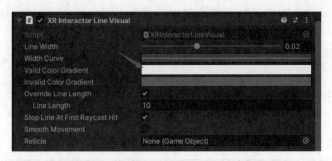

图 2-29　XR Interactor Line Visual 组件

单击色条右上方的透明色指标器并滑动 Alpha 处的圆点,将 Alpha 值设定为 0,如图 2-30 所示。

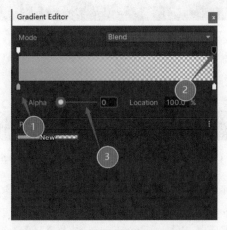

图 2-30　Gradient Editor

用同样的方法设定 Invalid Color Gradient 的颜色,如图 2-31 所示。

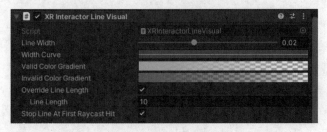

图 2-31　设定 Invalid Color Gradient 的颜色

如果此时将应用部署到 VR 设备上,会看到代表左右手控制器的线变成了断断续续的点状线,比原先单纯的红色线条好看多了。

2.5　可随时开启的瞬移控制器

目前仅使用了 Unity XR Interaction Toolkit 提供的基础功能,还需要给 VR 程序增加一些互动性,譬如在按下左手控制器的扳机键时启动瞬移,过了一段时间以后,瞬移的指示曲线消失，同时还希望指示曲线具有动态效果。要满足这些需求，以往需要利用 C♯编程来实现。自从 Unity 在 2021 版本中提供了可视化编程（Visual Scripting）的支持后，不需要学习复杂的编程知识，利用鼠标就可以较为轻松地实现可视化编程以满足上面乃至更多的需求。

　　面向 VR 应用进行可视化脚本开发，需要在 Unity 编辑器的菜单栏中选择 Edit→Project Settings 选项，在 Visual Scripting 选项卡中选择 Node Library 选项，如图 2-32所示。

图 2-32　Visual Scripting 选项卡

　　在 Node Library 中添加 Unity. XR. Interaction. Toolkit 以 及 UnityEngine. XRModule，如图 2-33 所示。

图 2-33　添加 Unity. XR. Interaction. Toolkit 以及 UnityEngine. XRModule

　　在 Type Options 中添加 XR Rig、XR Controller、XR Device、Input Device、Input Devices、Common Usages、XR Grab Interactable、XR Direct Interactor、XR Simple Interactable、Select Enter Event、Select Exit Event 以及 XR Interactor Line Visual 类型，如图 2-34 所示。

图 2-34　在 Type Options 中添加的类型

　　在 Visual Scripting 选项卡中，单击 Regenerate Units 按钮，重新生成可视化脚本节点数据库，如图 2-35 所示。

　　在 Unity 完成数据库的生成之后，会出现重新生成单元完成的提示，如图 2-36 所示。

　　在 Hierarchy 视图中选择 LeftHand Controller 游戏对象并在 Inspector 视图中取消勾选，将其暂时关闭，如图 2-37 所示。

图 2-35 重新生成可视化脚本节点数据库

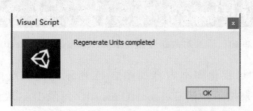

图 2-36 重新生成单元完成的提示

图 2-37 LeftHand Controller 游戏对象

在 Hierarchy 视图中选择 XR Rig 游戏对象,为其添加 Script Machine 组件,如图 2-38 所示。

为 Script Machine 组件指定名为 TeleportEnable 的宏,如图 2-39 所示。

添加对象级变量 TeleportControl 以及 Rectile,如图 2-40 所示。

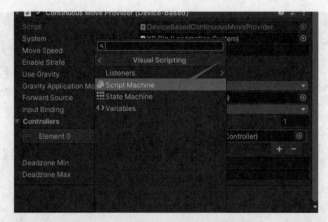

图 2-38　添加 Script Machine 组件

图 2-39　指定名为 TeleportEnable 的宏

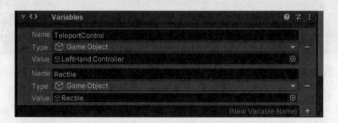

图 2-40　添加对象级变量 TeleportControl 以及 Rectile

　　TeleportEnable 宏的可视化脚本内容如图 2-41 所示。在每次更新事件获取左手控制器的扳机键是否按下，如果按下激活 TeleportControl。每隔 10s，取消激活 TeleportControl 以及 Rectile。

　　由于在 Start 单元的控制流中含有 Wait 单元，因此需要把 Start 的 Coroutine（协程）功能打开，如图 2-42 所示。

　　为 XR Rig 游戏对象添加 Script Machine 组件，设定 AniLine 宏为流图，如图 2-43 所示。

　　AniLine 宏的可视化脚本内容如图 2-44 所示。设定 uvRate 以及 uvOffset，在延迟更新事件单元不断更新 uvOffset，并设定 matDotLine 材质的纹理偏移，形成纹理动画的效果。

　　在 Hierarchy 视图中选择 Left Controller 游戏对象，在 Inspector 视图中单击 XR Interactor Line Visual 组件右上角的 ⋮ 按钮，在弹出的上下文菜单中选择 Copy Component 选项，如图 2-45 所示。

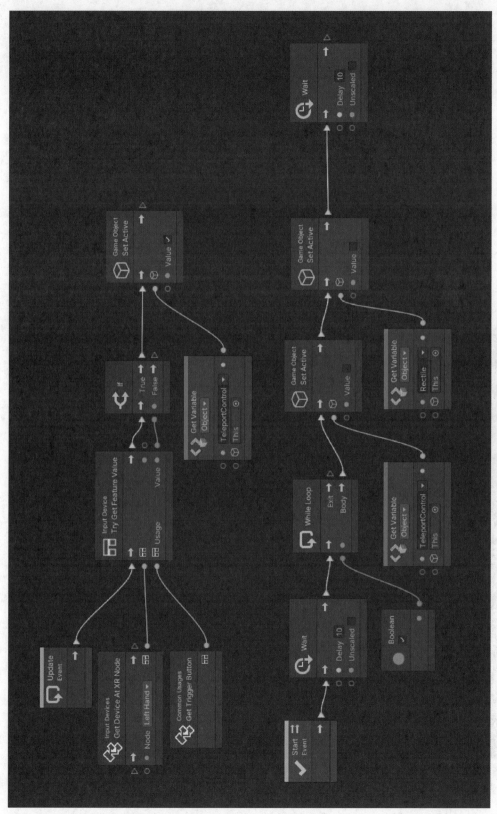

图 2-41 TeleportEnable 宏的可视化脚本内容

图 2-42　把 Start 的 Coroutine 功能打开

图 2-43　设定 AniLine 宏为流图

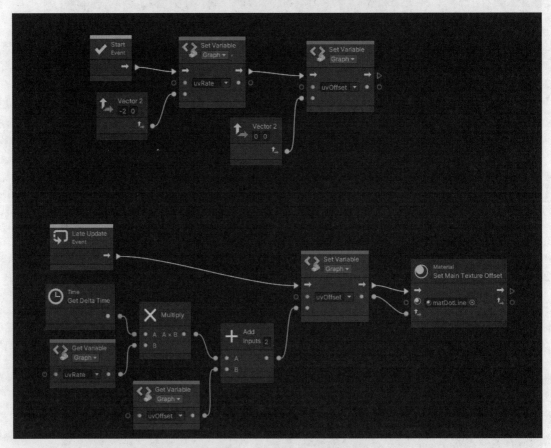

图 2-44　AniLine 宏的可视化脚本

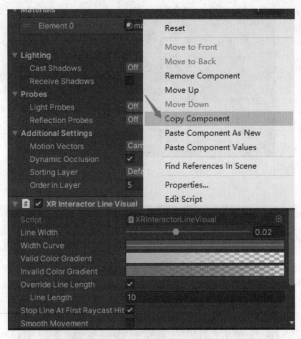

图 2-45 选择 Copy Component 选项

在 Hierarchy 视图中选择 Right Controller 游戏对象,在 Inspector 视图中单击 XR Interactor Line Visual 组件右上角的 ⋮ 按钮,在弹出的上下文菜单中选择 Paste Component Values 选项,如图 2-46 所示,把左手控制器设定的 XR Interactor Line Visual 组件的属性复制到右手控制器的 XR Interactor Line Visual 组件上。

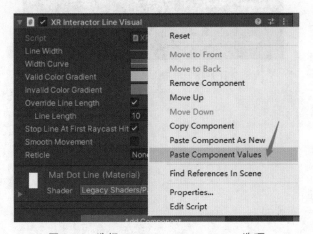

图 2-46 选择 Paste Component Values 选项

接着修改 Right Controller 游戏对象的 XR Ray Interactor 组件的 Interaction Layer Mask,屏蔽 Teleportable 层,如图 2-47 所示。

修改 Right Controller 游戏对象的 XR Ray Interactor 组件的 Raycast Mask,屏蔽 Teleportable 层,如图 2-48 所示。

此时,将应用部署到 VR 设备上,会发现按下左手控制器上的扳机键就能完成瞬移。

图 2-47　屏蔽 Teleportable 层 1

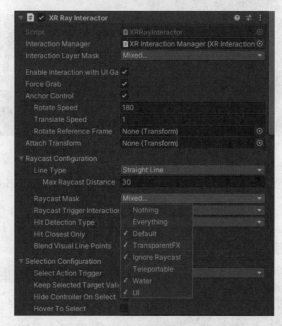

图 2-48　屏蔽 Teleportable 层 2

第 3 章

VR 控制器

VR 控制器是真实世界与虚拟世界交互的媒介,VR 应用开发者需要了解 VR 控制器本身的状态以及 VR 使用者在 VR 控制器所进行的操作。本章讨论如何获取控制器的信息以及用户在控制器上的操作。

在 Unity 编辑器的 Hierarchy 视图中右击,在弹出的上下文菜单中选择 XR→UI Canvas 选项,在场景中建立 UI 画布,如图 3-1 所示,该 UI 画布将用于显示来自 VR 控制器的信息。

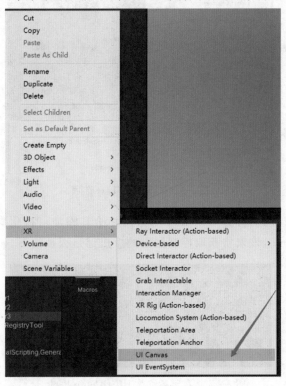

图 3-1　选择 XR→UI Canvas 选项

　　调整所建立的 UI Canvas 的属性，使其能够出现在 VR 场景中头显的前方，如图 3-2
所示。

图 3-2　调整 UI Canvas 的属性

　　在 Hierarchy 视图中右击，在弹出的上下文菜单中选择 UI→Text 选项，如图 3-3 所示，
在 UI 画布上建立文本标签。

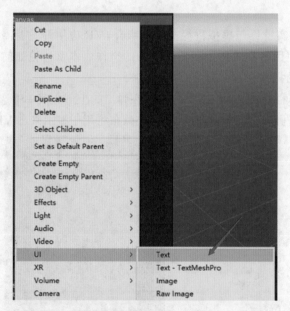

图 3-3　选择 UI→Text 选项

　　该游戏对象 Text 的名称为 textGetTrigger，并给其添加可视化脚本组件，指定宏名称
为 UIGetControllerInfo，该宏将获取控制器上的扳机键是否被按下，如图 3-4 所示。

图 3-4　指定宏名称为 UIGetControllerInfo

3.1　获取控制器特定按键是否按下

Unity 的 XR 平台具有多种输入功能，可以在设计用户交互时加以利用。应用程序可以使用某些特定数据，这些数据引用位置、旋转、触摸、按钮、游戏杆和手指传感器。但是，在不同平台之间访问这些输入功能可能有很大差别。

Unity 提供了 InputFeatureUsage 的结构，该结构定义了一组标准的物理设备控件（例如 grip 按钮和扳机键），以访问任何平台上的用户输入。这些控件可通过名称识别输入类型。每个 InputFeatureUsage 对应一个常见的输入操作或类型，例如，Unity 将名为 trigger 的 InputFeatureUsage 定义为食指控制的单轴扳机键输入。无论使用哪种 XR 平台，都可以使用 InputFeatureUsage 通过名称来获取 trigger 状态，因此无须为常规 Unity 输入系统设置一个轴（或某些 XR 平台上的按钮）。

表 3-1 列出了标准控制器 InputFeatureUsage 的名称与常见 XR 系统的控制器按键之间的映射关系。

表 3-1　InputFeatureUsage 的名称与常见 XR 系统的控制器按键之间的映射关系

InputFeatureUsage 的名称	功能类型	控制器对应按键
primary2DAxis	2D 轴	触控板/游戏杆
trigger	单轴	扳机
grip	单轴	握把
secondary2DAxis	2D 轴	
secondary2DAxisClick	按钮	
primaryButton	按钮	主要
primaryTouch	按钮	
secondaryButton	按钮	备用
secondaryTouch	按钮	
gripButton	按钮	握把-按下
triggerButton	按钮	扳机-按下
menuButton	按钮	
primary2DAxisClick	按钮	触控板/游戏杆-按下
primary2DAxisTouch	按钮	触控板/游戏杆-触控

InputDevice 代表任何物理设备，例如控制器或头盔，它可以包含有关设备跟踪、按钮、游戏杆和其他输入控件的信息。使用 XR.InputDevices 类可访问当前连接到 XR 系统的输入设备。在 XR 系统断开与输入设备的连接之前，输入设备将跨帧保持有效。使用 InputDevice.IsValid 属性来确定 InputDevice 是否仍代表激活的控制器。可以通过特征、角色以及 XR 节点的方式访问输入设备。

设备特征描述了设备的功能或用途。InputDeviceCharacteristics 是一系列标志，可以添加到代码中，用于搜索符合特定规格的设备。可以按表 3-2 所示的特征筛选设备。

表 3-2　设备特征表

设　　备	特　　征
HeadMounted	设备连接到用户的头部。它具有设备跟踪和眼球中心跟踪功能。此标志常用于标识头戴式显示器（HMD）
Camera	设备具有摄像机跟踪功能
HeldInHand	用户将设备握在手中
HandTracking	设备代表物理跟踪的手。它具有设备跟踪功能，并且可能包含手和骨骼数据
EyeTracking	设备可以执行眼球跟踪并具有 EyesData 功能
TrackedDevice	可以在 3D 空间中跟踪设备，具有设备跟踪功能
Controller	设备具有按钮和轴的输入数据，并且可以用作控制器
TrackingReference	设备代表静态跟踪参考对象，具有设备跟踪功能，但该跟踪数据不应该更改
Left	将此特征与 HeldInHand 或 HandTracking 特征组合使用，可以将设备标识为与左手关联
Right	将此特征与 HeldInHand 或 HandTracking 特征组合使用，可以将设备标识为与右手关联
Simulated6DOF	设备报告 6DOF 数据，但仅具有 3DOF 传感器。Unity 负责模拟位置数据

底层 XR SDK 会报告这些特征，可以使用 InputDevice. Characteristics 查找这些特征。设备通常具有多个特征，可以使用位标志来筛选和访问这些特征。

设备角色描述输入设备的一般功能，可使用 InputDeviceRole 枚举来指定设备角色，如表 3-3 所示。

表 3-3　设备角色

角　　色	描　　述
GameController	游戏主机风格的游戏控制器
Generic	代表核心 XR 设备的设备，例如头戴式显示器或移动设备
HardwareTracker	跟踪设备
LeftHanded	与用户左手关联的设备
RightHanded	与用户右手关联的设备
TrackingReference	跟踪其他设备的设备，如 Oculus 跟踪摄像机

底层 XR SDK 会报告这些角色，但是不同的提供商可能会以不同的方式组织他们的设备角色。此外，用户可以换手，因此角色分配结果可能与用户握住输入设备的手不匹配。XR 节点表示 XR 系统中的物理参考点（例如，用户的头部位置、左右手之类的跟踪参考）。XRNode 枚举定义的节点如表 3-4 所示。

表 3-4　XRNode 枚举定义的节点

XR 节点	描　　述
CenterEye	用户两个瞳孔之间的中点
GameController	游戏主机风格的游戏控制器。用户的应用程序可以有多个游戏控制器设备
HardwareTracker	硬件跟踪设备，通常连接到用户或物理项。可以存在多个硬件跟踪器节点
Head	由 XR 系统计算出的用户头部的中心点
LeftEye	用户的左眼

续表

XR 节点	描　述
LeftHand	用户的左手
RightEye	用户的右眼
RightHand	用户的右手
TrackingReference	跟踪参考点,例如 Oculus 摄像机。可以存在多个跟踪参考节点

可以从特定的 InputDevice 读取输入功能,例如扳机键的状态。例如,要读取右扳机键的状态,应按照下列步骤操作。

（1）使用 InputDeviceRole. RightHanded 或 XRNode. RightHand 获取惯用右手设备的实例。

（2）有了正确的设备后,使用 InputDevice. TryGetFeatureValue 方法访问当前状态。TryGetFeatureValue()尝试访问功能的当前值,并根据情况返回不同的值。

① 如果成功获取指定的功能值,则返回 true。

② 如果当前设备不支持指定的功能,或者该设备无效(即控制器不再处于激活状态),则返回 false。

要获取特定的按钮、触摸输入或游戏杆轴值,应使用 CommonUsages 类。CommonUsages 类包括 XR 输入映射表中的每个 InputFeatureUsage,以及诸如位置和旋转之类的跟踪功能。CommonUsages 定义用于从 XR. InputDevice. TryGetFeatureValue 中获取输入功能的静态变量。使用这些静态变量可按使用情况获取 XR. InputDevice 的常用功能值,如表 3-5 所示。

表 3-5　XR. InputDevice 的常用功能值

功能值	作　用
batteryLevel	表示设备的当前电池续航时间的值
centerEyeAcceleration	设备以眼睛为中心的加速度
centerEyeAngularAcceleration	设备以眼睛为中心的角加速度,采用欧拉角的格式
centerEyeAngularVelocity	设备以眼睛为中心的角速度,采用欧拉角的格式
centerEyePosition	设备以眼睛为中心的位置
centerEyeRotation	设备以眼睛为中心的旋转
centerEyeVelocity	设备以眼睛为中心的速度
colorCameraAcceleration	设备彩色摄像机的加速度
colorCameraAngularAcceleration	设备彩色摄像机的角加速度,采用欧拉角的格式
colorCameraAngularVelocity	设备彩色摄像机的角速度,采用欧拉角的格式
colorCameraPosition	设备彩色摄像机的位置
colorCameraRotation	设备彩色摄像机的旋转
colorCameraVelocity	设备彩色摄像机的速度
deviceAcceleration	设备的加速度
deviceAngularAcceleration	设备的角加速度,采用欧拉角的格式
deviceAngularVelocity	设备的角速度,采用欧拉角的格式
devicePosition	设备的位置
deviceRotation	设备的旋转

续表

功能值	作　用
deviceVelocity	设备的速度
eyesData	包含从设备中收集的眼睛跟踪数据的眼睛结构
grip	表示控制器上的用户手柄
gripButton	表示设备是否被握住的二进制测量值
handData	表示设备的手柄数据的值
isTracked	告知开发人员当前是否在跟踪设备
leftEyeAcceleration	设备左眼的加速度
leftEyeAngularAcceleration	设备左眼的角加速度,采用欧拉角的格式
leftEyeAngularVelocity	设备左眼的角速度,采用欧拉角的格式
leftEyePosition	设备左眼的位置
leftEyeRotation	设备左眼的旋转
leftEyeVelocity	设备左眼的速度
menuButton	表示菜单按钮,用于暂停、返回或退出游戏
primary2DAxis	设备上的主触控板或游戏杆
primary2DAxisClick	表示被单击或按下的主 2D 轴
primary2DAxisTouch	表示被触摸的主 2D 轴
primaryButton	在设备上被按下的主要面按钮或唯一按钮(如果只有一个按钮可用)
primaryTouch	设备上被触摸的主要触控板或者摇杆
rightEyeAcceleration	设备右眼的加速度
rightEyeAngularAcceleration	设备右眼的角加速度,采用欧拉角的格式
rightEyeAngularVelocity	设备右眼的角速度,采用欧拉角的格式
rightEyePosition	设备右眼的位置
rightEyeRotation	设备右眼的旋转
rightEyeVelocity	设备右眼的速度
secondary2DAxis	设备上的辅助触控板或游戏杆
secondary2DAxisClick	表示被单击或按下的辅助 2D 轴
secondary2DAxisTouch	表示被触摸的辅助 2D 轴
secondaryButton	设备上被按下的辅助面按钮
secondaryTouch	设备上被触摸的辅助面按钮
trackingState	表示此设备跟踪的值
trigger	触发式控制,用食指按下
triggerButton	表示食指是否正在激活扳机键的二进制测量值
userPresence	使用此属性来测试用户当前是否佩戴 XR 设备和/或与之互动。该属性的确切行为因设备类型而异:有些设备有一个专门检测用户接近度的传感器,但当该属性为 UserPresenceState. Present 时,可以合理地推断出用户与设备在一起

　　要在 textGetTrigger 文本上显示右手控制器的扳机键是否按下,可视化脚本如图 3-5 所示。从右手控制器获取扳机键是否按下,如果按下则显示"Right Trigger Pressed!",否则显示"Right Trigger Unpressed!"。

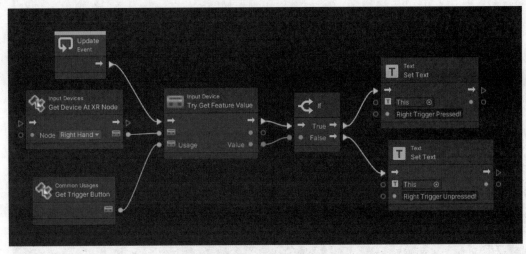

图 3-5　可视化脚本

3.2　获取控制器特定按键按下程度

视频讲解

　　复制 textGetTrigger 文本游戏对象,并改名为 textGetTriggerValue,如图 3-6 所示。

　　在场景视图中将游戏对象 textGetTriggerValue 移动至游戏对象 textGetTrigger 上方,如图 3-7 所示。

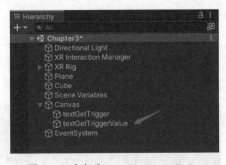

图 3-6　改名为 textGetTriggerValue

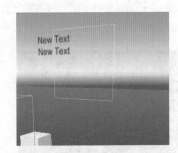

图 3-7　将 textGetTriggerValue 移动至 textGetTrigger 上方

　　为 textGetTriggerValue 添加可视化脚本组件,指定宏名称为 UIGetControllerTriggerValue,如图 3-8 所示。

图 3-8　为 textGetTriggerValue 添加可视化脚本组件

UIGetControllerTriggerValue宏的可视化脚本如图3-9所示。Unity会根据扳机键按下的幅度返回[0,1]的浮点数,0代表没有按下,1代表完全按下。如果稍稍按下扳机键,在textGetTriggerValue上便会显示出相应的浮点数值。

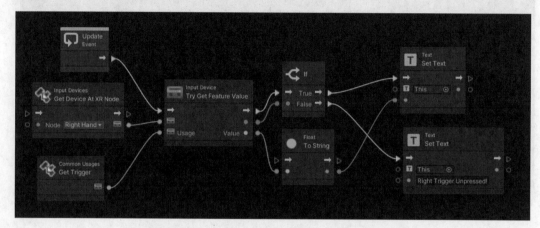

图 3-9　UIGetControllerTriggerValue 宏的可视化脚本

视频讲解

3.3　获取控制器触控板的输入

复制 textGetTriggerValue 文本游戏对象,并改名为 textGetTouchPad,如图 3-10 所示。

为 textGetTouchPad 添加可视化脚本组件,指定宏名为 UIGetControllerTouchPad,如图 3-11 所示。

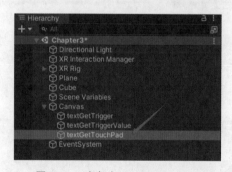

图 3-10　改名为 textGetTouchPad

图 3-11　指定宏名为 UIGetControllerTouchPad

UIGetControllerTouchPad 宏的可视化脚本如图 3-12 所示。Unity 会根据手指在触控板按下的位置返回二维矢量< x,y >,x,y∈[−1,1]。当 x=−1 时,手指位于触控板的最左边缘或者摇杆已经位于最左边沿;当 x=1 时,手指位于触控板的最右边缘或者摇杆已经位于最右边沿;当 y=−1 时,手指位于触控板的最上边缘或者摇杆已经位于最上边沿;当 y=1 时,手指位于触控板的最下边缘或者摇杆已经位于最下边沿。

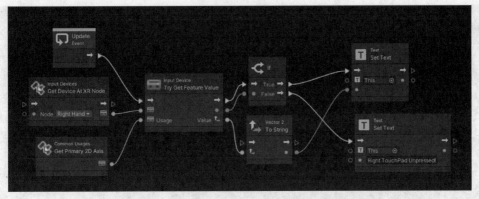

图 3-12　UIGetControllerTouchPad 宏的可视化脚本

3.4　获取控制器的位置信息

视频讲解

复制 textGetTouchPad 文本游戏对象，并改名为 textGetPosition，如图 3-13 所示。

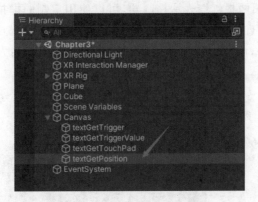

图 3-13　改名为 textGetPosition

为 textGetPosition 添加可视化脚本组件，指定宏名为 UIGetControllerPos，如图 3-14
所示。

图 3-14　指定宏名为 UIGetControllerPos

UIGetControllerPos 宏的可视化脚本如图 3-15 所示。Unity 会获取右手控制器相对
XR Rig 原点的位置，并显示该位置的变化。

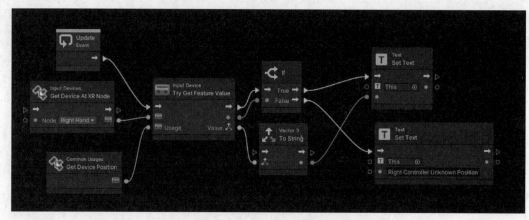

图 3-15　UIGetControllerPos 宏的可视化脚本

视频讲解

3.5　定制虚拟手

目前 VR 环境中仅用两根红线表示控制器，可以使用定制的虚拟手来代表对应的控制器，这样对用户来说更加直观一些。在 Hierarchy 视图中右击，在弹出的上下文菜单中选择 XR→Device-based→Direct Interactor 选项，如图 3-16 所示，建立名为 VRLeft 的游戏对象。

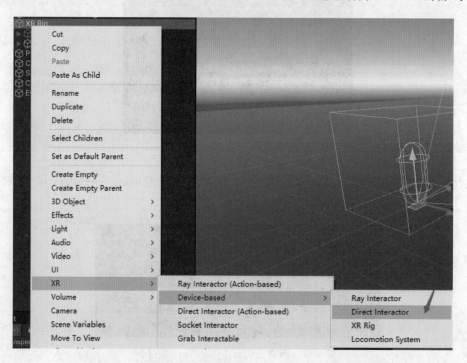

图 3-16　选择 XR→Device-based→Direct Interactor 选项

设定 VRLeft 游戏对象的 XR Controller 组件的 Controller Node 为 Left Hand，如图 3-17 所示。

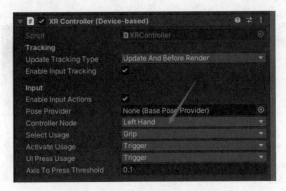

图 3-17 XR Controller 组件

设定 VRLeft 游戏对象的 XR Direct Interactor 组件的 Interaction Layer Mask 为 Nothing，如图 3-18 所示。

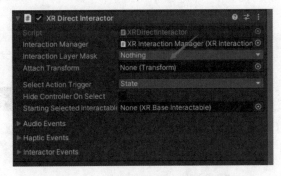

图 3-18 XR Direct Interactor 组件

在 Hierarchy 视图中选择 VRLeft 游戏对象，按 Ctrl＋D 组合键复制并重命名为 VRRight，如图 3-19 所示。

设定 VRRight 游戏对象的 XR Controller 组件的 Controller Node 为 Right Hand，如图 3-20 所示。

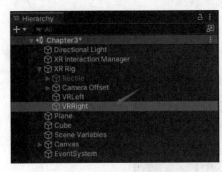

图 3-19 重命名为 VRRight

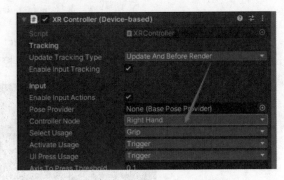

图 3-20 XR Controller 组件

在 Unity 编辑器的菜单栏中选择 Assets→Import Package→Custom Package 选项，如图 3-21 所示。

在 Import package 对话框中选择 hand. unitypackage 图标，如图 3-22 所示。hand.

图 3-21　选择 Assets→Import Package→Custom Package 选项

unitypackage 文件中含有虚拟手的所有相关资源。

图 3-22　选择 hand.unitypackage 图标

导入 hand.unitypackage 文件后，在 Project 视图中单击 Oculus Hands 文件夹下 AnimationControler 目录下的 LefthandAC 动画控制器，如图 3-23 所示。

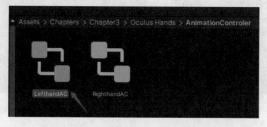

图 3-23　LefthandAC 动画控制器

LefthandAC 动画控制器含有两个浮点参数，分别为 Grip 和 Trigger，并含有一个 Blend Tree 状态，如图 3-24 所示。

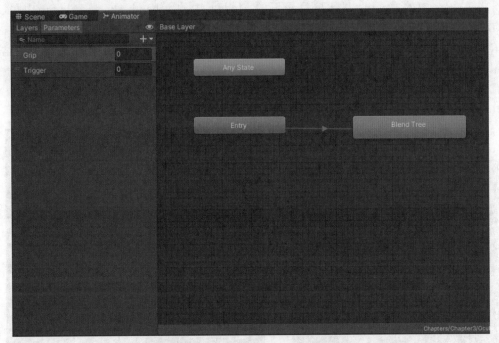

图 3-24　LefthandAC 动画控制器的参数

在 Blend Tree 中，Blend Type 为 2D Freeform Cartesian，Montion 域含有 4 个动画片段，如图 3-25 所示。动画片段 Take 001 代表手掌摊开状态，动画片段 L_hand_pinch_anim 代表拇指和食指处于捏合状态，而动画片段 l_hand_fist 代表手掌处于握拳状态，右手动画控制器 RighthandAC 也是类似的设定。

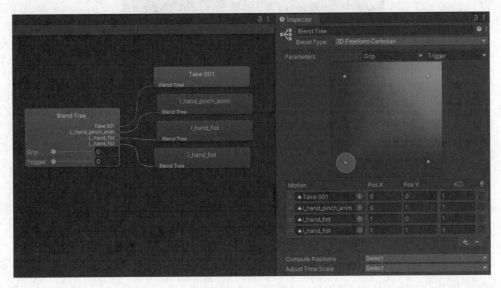

图 3-25　Blend Tree

　　将 Assets 中的 Oculus Hands 目录下的 Models 中的 l_hand_skeletal_lowres 放置到
VRLeft 下成为 VRLeft 的子游戏对象，将 Assets 中的 Oculus Hands 目录下的 Models 中
的 r_hand_skeletal_lowres 放置到 VRRight 下成为 VRRight 的子游戏对象，放置后的结果
如图 3-26 所示。

　　为 l_hand_skeletal_lowres 游戏对象的 Animator 组件的 Controller 指定 LefthandAC
为其动画控制器，如图 3-27 所示。

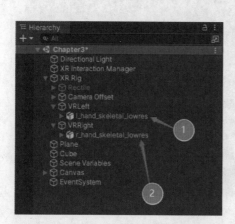

图 3-26　放置后的结果

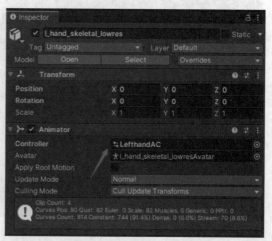

图 3-27　Animator 组件（一）

　　为 r_hand_skeletal_lowres 游戏对象的 Animator 组件的 Controller 指定 RighthandAC
为其动画控制器，如图 3-28 所示。

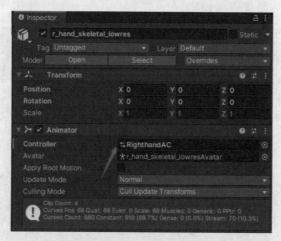

图 3-28　Animator 组件（二）

　　选择 Assets 目录下的 Oculus Hands 目录下的 Materials 目录下的 Hands_solid 材质，
如图 3-29 所示。

　　把 Hands_solid 材质的 Shader 更改为 Wave/Essence/Hand/Model，如图 3-30 所示。

图 3-29　Hands_solid 材质

图 3-30　Hands_solid 材质的 Shader

为 r_hand_skeletal_lowres 游戏对象增加宏名为 AniRightHand 的可视化脚本组件,如图 3-31 所示。

图 3-31　宏名为 AniRightHand 的可视化组件

AniRightHand 宏的可视化脚本如图 3-32 所示。在循环事件中检查右手控制器的握把键是否按下,如果按下设定动画控制器的 Grip 参数为 1,否则为 0。检查右手控制器的扳机键的按下幅度值,如果按下,则设定动画控制器的 Trigger 参数为该幅度值,否则为 0。

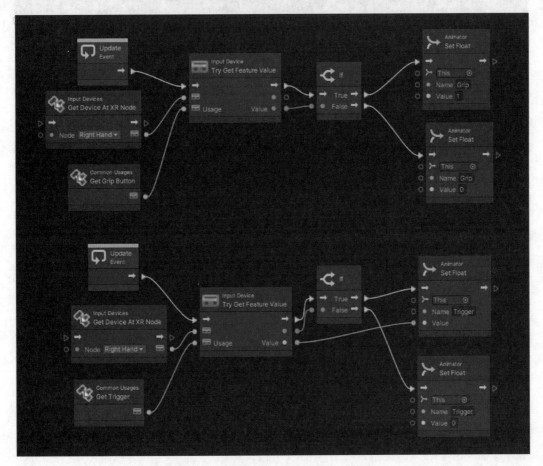

图 3-32　AniRightHand 宏的可视化脚本

为 l_hand_skeletal_lowres 游戏对象增加宏名为 AniLeftHand 的可视化脚本组件，如图 3-33 所示。

图 3-33　宏名为 AniLeftHand 的可视化组件

AniLeftHand 宏的可视化脚本如图 3-34 所示。在循环事件中检查左手控制器的握把键是否按下，如果按下设定动画控制器的 Grip 参数为 1，否则为 0。检查左手控制器的扳机键的按下幅度值，如果按下，则设定动画控制器的 Trigger 参数为该幅度值，否则为 0。

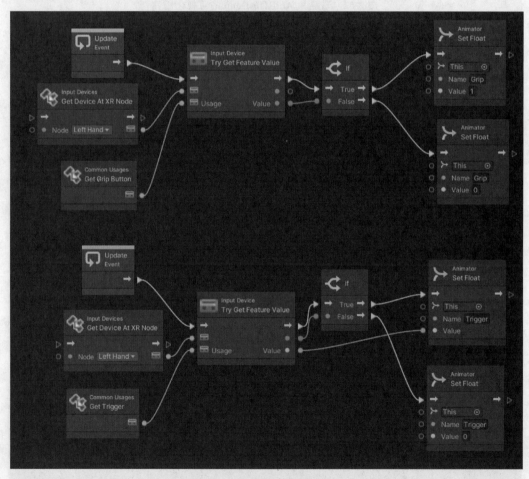

图 3-34　AniLeftHand 宏的可视化脚本

第<4>章

与物体的简单交互

在虚拟现实环境中,用户需要与虚拟环境中的物体进行交互,譬如捡拾物体等操作。本章将讨论如何在 Unity XR Interaction Toolkit 中用可视化脚本实现与物体的简单交互。

视频讲解

4.1 建立简单可交互物体

在 Scene 视图中将原先的 Cube 移到 XR Rig 的右侧,调整其大小,将其作为放置物品的桌子,如图 4-1 所示。

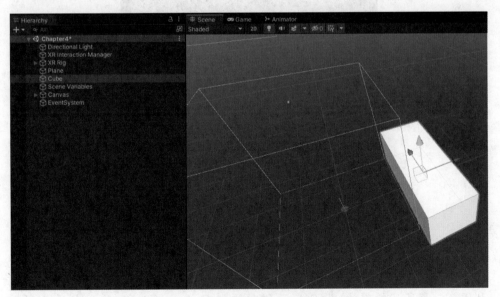

图 4-1 将 Cube 移到 XR Rig 的右侧

在 Hierarchy 视图中右击,在弹出的上下文菜单中选择 3D Object→Sphere 选项,如

图 4-2 所示，建立一个 Sphere 游戏对象。

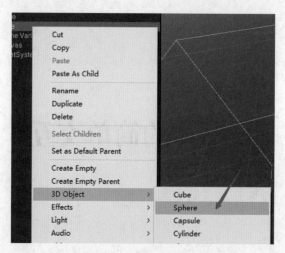

图 4-2　选择 3D Object→Sphere 选项

为 Sphere 对象指定名为 Mat Red 的材质，Albedo 颜色为红色，如图 4-3 所示。

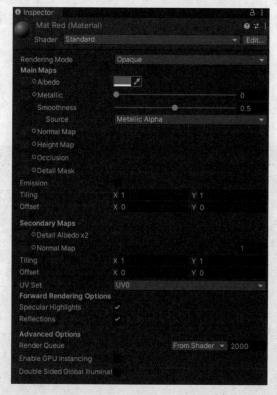

图 4-3　名为 Mat Red 的材质

利用第 3 章所述的方法，为 Sphere 对象添加 Canvas 子对象，并为 Canvas 添加 UI Text，将其文本设定为 Velocity，以便在 VR 环境中对物体做出区分，如图 4-4 所示。

将 Sphere 的 Layer 设定为 Grab，如图 4-5 所示。

图 4-4　将其文本设定为 Velocity

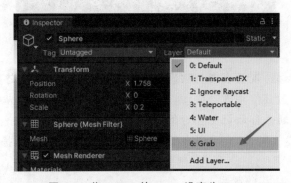

图 4-5　将 Sphere 的 Layer 设定为 Grab

Unity 会询问同时将子对象都设定为 Grab 层,在这里单击"Yes,change children"按钮,如图 4-6 所示。

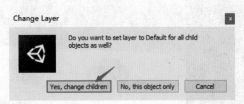

图 4-6　Unity 询问同时将子对象都设定为 Grab 层

为 Sphere 对象添加 XR Grab Interactable 组件,设定 Movement Type 为 Velocity Tracking,如图 4-7 所示,适合跟踪控制器的运动。通过设置刚体的速度和角速度来移动可交互对象。如果不希望物体在没有刚体的情况下能够在其他碰撞体中移动,那么就使用这个属性,因为它跟随互动体,然而它可能会出现滞后,不能像瞬时移动(Instantaneous)那样平滑。

利用同样的方法,分别建立 Movement Type 为 Kinematic 的绿色球和为 Instantaneous 的蓝色球,如图 4-8 所示。Kinematic 表示通过将运动学刚体向目标位置和方向移动来移动

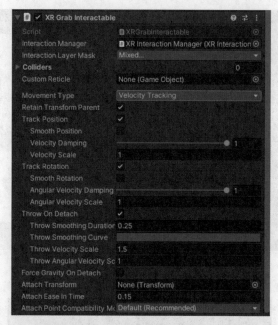

图 4-7 添加 XR Grab Interactable 组件

可交互对象。如果想保持视觉表现与物理状态同步，让物体在跟随交互器的过程中能够在没有刚体的情况下通过其他碰撞器移动，应使用这个特性。Instantaneous 则是通过设置每一帧变换的位置和旋转来移动可交互对象。如果希望每一帧的视觉表现都被更新，尽量减少延迟，那么就使用这个特性，它可以在没有刚体的情况下在其他碰撞器中移动，因为它跟随交互器一起运动。

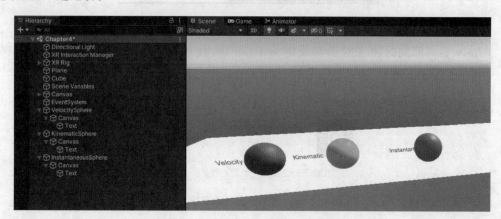

图 4-8 分别建立绿色球和蓝色球

在 Hierarchy 视图中选择 RightHand Controller 游戏对象，如图 4-9 所示。

将 RightHand Controller 的 XR Ray Interactor 的 Interaction Layer Mask 设定为如图 4-10 所示。这样设定是为了和左手控制器的瞬移功能区分开。

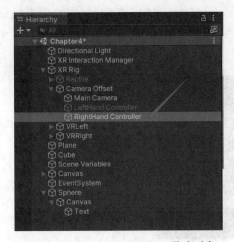

图 4-9　RightHand Controller 游戏对象

图 4-10　Interaction Layer Mask 设定

4.2　解决一些小问题

视频讲解

如果此时将应用部署到 VR 设备，会发现在抓取圆球的时候，触控左手控制器的触控板在 VR 环境中进行移动时似乎不能像原先一样正确移动 Rig，这是因为所抓取的物体和 XR Rig 上的 Character Controller 发生物理冲突了，需要将这两个游戏对象在物理层上进行隔离，所以把 XR Rig 所处的 Layer 设定为 VRBody，如图 4-11 所示。

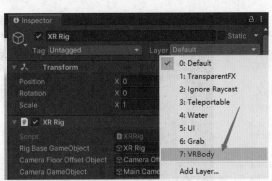

图 4-11　把 XR Rig 所处的 Layer 设定为 VRBody

根据 Unity 的提示，只将 XR Rig 的 Layer 设定为 VRBody，而保持其他子对象所属的层不变，如图 4-12 所示。

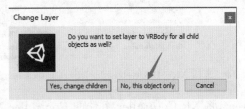

图 4-12　只将 XR Rig 的 Layer 设定为 VRBody

在 Unity 编辑器的菜单栏中选择 Edit→Project Settings 选项，在 Physics 选项卡的碰撞矩阵中，将 Grab 层和 VRBody 层之间的关联取消，如图 4-13 所示。通过取消 Grab 层和 VRBody 层之间的关联，便能很好地解决这个问题。

图 4-13　Physics 选项卡的碰撞矩阵

视频讲解

4.3　建立直接交互控制器

在 Hierarchy 视图中右击，在弹出的上下文菜单中选择 XR→Device-based→Direct Interactor 选项，建立一个直接交互控制器，如图 4-14 所示。直接交互控制器不能像前文所述的射线交互器那样通过发出射线和物体进行交互，而是必须直接碰到物体才能和物体进行交互。

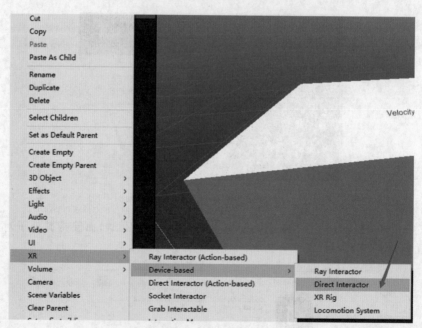

图 4-14　选择 XR→Device-based→Direct Interactor 选项

将其改名为 Left Direct，将 XR Controller 组件的 Controller Node 改为 Left Hand，如图 4-15 所示。

图 4-15　XR Controller 组件

将 Left Direct 游戏对象的 XR Direct Interactor 组件的 Interaction Layer Mask 设定为 Grab,如图 4-16 所示。

图 4-16　XR Direct Interactor 组件

开启 Left Direct 游戏对象的 XR Direct Interactor 组件的 Haptic Events 下的 On Select Entered 选项,并设定 Haptic Intensity 为 0.32,Duration 为 0.2,如图 4-17 所示,使得抓取物体时控制器会发生 0.2s 的震动。在这里,建议把 Select Action Trigger 设定为 Sticky,这样设定后使得抓取的物体即便松开握把键,也能粘连在控制器对应的游戏对象上。

在 Hierarchy 视图中复制 Left Direct 为 Right Direct,并且将对应的 XR Controller 组件的 Controller Node 改为 Right Hand,如图 4-18 所示。

在 Hierarchy 视图中选择 RightHand Controller 游戏对象,如图 4-19 所示。

对 RightHand Controller 游戏对象的 XR Ray Interactor 组件的 Interactor Events 下的 Select 和 Select Exited 条目做出设定,如图 4-20 所示。在 Select Entered 事件发生时,即控制器抓取物体时,将 Right Direct 游戏对象不激活,将自身的 XRInteractorLineVisual 组件不激活,这样该控制器在抓取物体时,另一个 Right Direct 不起作用,同时作为视觉提示的

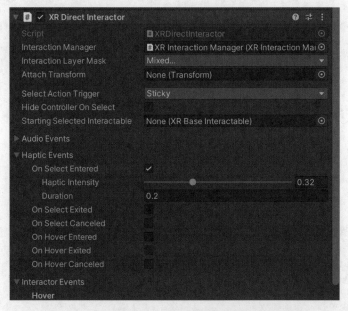

图 4-17　XR Direct Interactor 组件的 Haptic Events

图 4-18　复制 Left Direct 游戏对象为
Right Direct 游戏对象

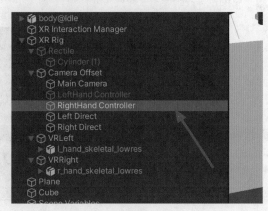

图 4-19　选择 RightHand Controller 对象

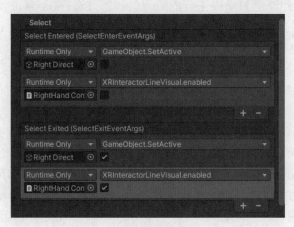

图 4-20　Interactor Events

线不再显示。

在 Hierarchy 视图中选择 Right Direct 对象，如图 4-21 所示。

对 Right Direct 游戏对象的 XR Direct Interactor 组件的 Interactor Events 下的 Select 和 Select Exited 条目做出设定，如图 4-22 所示。在 Select Entered 事件发生时，即控制器抓取物体时，将 RightHand Controller 游戏对象不激活，这样该控制器在抓取物体时，另一个 RightHand Controller 不起作用。在 Select Exited 事件发生时，即控制器不抓取物体时，将 RightHand Controller 游戏对象激活，这样该控制器在不抓取物体时，另一个 RightHand Controller 重新起作用，同时作为视觉提示的线显示。

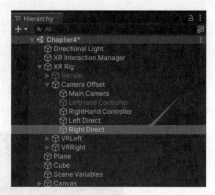

图 4-21　选择 Right Direct 对象

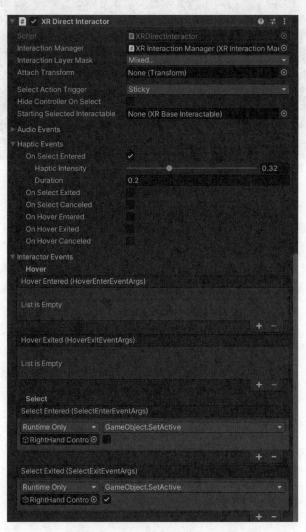

图 4-22　XR Direct Interactor 组件

4.4 为可视化脚本添加 Unity 事件处理能力

　　Unity 内置的可视化脚本不具备 Unity 事件处理能力，如需要添加 Unity 事件处理能力，要在 Unity 网站的 Asset Store 中寻找 Bolt Unity Events 包，单击"添加至我的资源"按钮。在 Unity 编辑器的 Package Manager 面板中寻找刚加入的 Bolt Unity Events 包，单击 Download 按钮后再单击 Import 按钮，如图 4-23 所示。

图 4-23　Package Manager 面板

　　在弹出的 Import Unity Package 对话框中，单击 Import 按钮，如图 4-24 所示。

　　在 Unity 2021 或者更高的版本中，导入 Bolt Unity Events 包时在 Console 视图中会产生如图 4-25 所示的错误提示。

　　这是因为可视化脚本组件（原 Bolt 组件）于 2021 年初被 Unity 收购后，命名空间做了调整，因此需要修改 OnUnityEvent.cs 文件的头部为：

```
using System;
using System.Reflection;
//using Bolt;
//using Ludiq;
using Unity.VisualScripting;
using UnityEngine.Events;
```

　　修改 OnUnityEventWidget.cs 文件的头部为：

```
using System;
//using Bolt;
//using Ludiq;
using Unity.VisualScripting;
```

即可消除该错误。

图 4-24 Import Unity Package 对话框

图 4-25 Console 视图中的错误提示

第 ⟨5⟩ 章

与物体的复杂交互

在 VR 场景中经常需要打开门窗、拉开抽屉以及拨动摇杆等交互操作，本章将讨论如何利用 XR Interaction Toolkit 实现这些操作。

视频讲解

5.1 建立可交互的门

在 Unity 网站的 Asset Store 中找到 Door Free PackAferar 包，单击"添加至我的资源"按钮，如图 5-1 所示。

图 5-1 Door Free Pack Aferar 包

在 Unity 编辑器的 Package Manager 面板中寻找刚加入的 Door Free PackAferar 包，单击 Import 按钮，如图 5-2 所示。

图 5-2　Package Manager 面板

在弹出的 Import Unity Package 对话框中，单击 Import 按钮，如图 5-3 所示。

在 Assets 中 01_AssetStore\DoorPackFree\Prefab 目录下寻找 DoorV3 预制件，将其拖放到 Hierarchy 视图中，如图 5-4 所示。

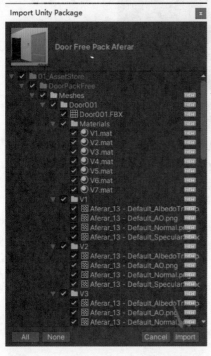

图 5-3　Import Unity Package 对话框

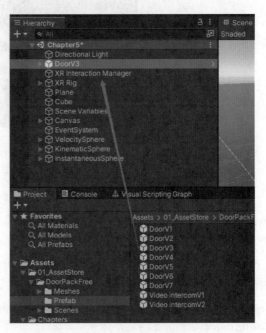

图 5-4　DoorV3 预制件

调整 DoorV3 的 Scale 比例大小为 1.6，在 Scence 视图中稍稍提高一下 DoorV3 的 Position 的 Y 的数值，为了更加方便地开启门，防止门与地面发生碰撞，如图 5-5 所示。

图 5-5　调整 DoorV3 的 Scale 比例大小为 1.6

选择 DoorV3 下的 01_low 游戏对象，设定 Layer 为 DirectGrab，如图 5-6 所示。

图 5-6　设定 Layer 为 DirectGrab

选择 Hierarchy 视图中的 LeftHand Controller，设定其 XR Ray Interactor 组件的 Interaction Layer Mask 如图 5-7 所示。

图 5-7　设定 Interaction Layer Mask

设定 XR Ray Interactor 组件的 Raycast Mask 如图 5-8 所示。

回到 DoorV3 下的 01_low 游戏对象，为其添加 Hinge Joint 组件，单击 按钮调整连接器的轴的位置，并开启 Use Spring 选项，设定 Damper 为 60，设定 Axis 的 Z 轴为 1，如图 5-9 所示。Damper 的数值越高，对象减速越慢。

为 DoorV3 下的 01_low 游戏对象开启 Hinge Joint 组件的 Use Limits 选项，并手动调整红色手柄，设定其 Min 值和 Max 值，如图 5-10 所示。

为 DoorV3 下的 01_low 游戏对象添加 Rigidbody 组件，设定 Collision Detection 为 Continuous，如图 5-11 所示。

为 DoorV3 下的 01_low 游戏对象添加 Box Collider 组件，如图 5-12 所示。

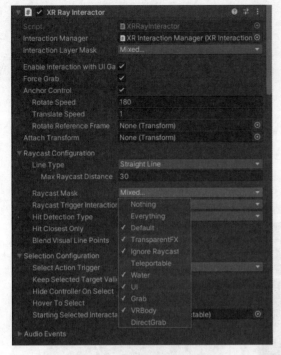

图 5-8　设定 Raycast Mask

图 5-9　Hinge Joint 组件

图 5-10　调整红色手柄

图 5-11　Rigidbody 组件

图 5-12　Box Collider 组件

添加 Box Collider 后的门,如图 5-13 所示。

在 01_low 游戏对象下添加 Handle 游戏对象,如图 5-14 所示。

在 Handle 游戏对象上添加 Box Collider 组件,如图 5-15 所示。

单击 ![按钮] 按钮,调整 Box Collider 的大小,使其覆盖门的把手,如图 5-16 所示。

图 5-13　添加 Box Collider 后的门

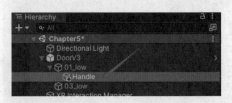

图 5-14　添加 Handle 游戏对象

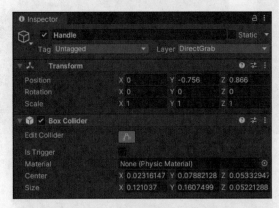

图 5-15　添加 Box Collider 组件

图 5-16　调整 Box Collider 的大小

为 DoorV3 下的 01_low 游戏对象添加 XR Grab Interactable 组件，设定 Handle 为 Colliders 列表的一项，设定 Movement Type 为 Velocity Tracking，用于方便跟踪控制器的运动，如图 5-17 所示。

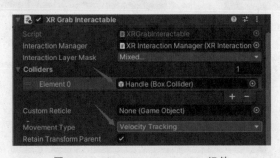

图 5-17　XR Grab Interactable 组件

视频讲解

5.2　建立可交互的抽屉

在 Unity 编辑器的菜单栏中选择 Assets→Import Package→Custom Package 选项，导入 cabinet.unitypackage，如图 5-18 所示。

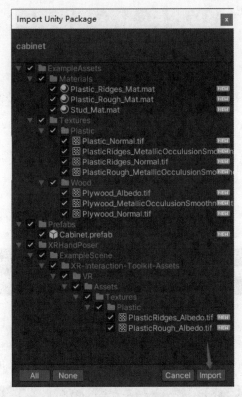

图 5-18　导入 cabinet. unitypackage

选择 Assets 目录下的 Prefabs 目录下的 Cabinet 预制件,如图 5-19 所示。

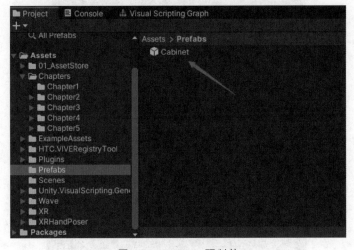

图 5-19　Cabinet 预制件

拖放 Cabinet 预制件到 Hierarchy 视图中,选择其下的 Drawer 游戏对象,如图 5-20 所示。

设定 Drawer 的 Layer 为 DirectGrab,如图 5-21 所示。

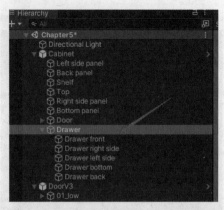

图 5-20　选择 Drawer 游戏对象

图 5-21　设定 Drawer 的 Layer 为 DirectGrab

给 Drawer 游戏对象添加 XR Grab Interactable 组件，设定 Drawer front 为 Colliders 列表的一项，设定 Movement Type 为 Velocity Tracking，如图 5-22 所示。

图 5-22　XR Grab Interactable 组件

给 Drawer 游戏对象添加 Configurable Joint 组件，设定 Axis 的 Z 项为－1，将 X Motion 设定为 Limited，而将 Y Motion、Z Motion、Angular X Motion、Angular Y Motion

以及 Angular Z Motion 设定为 Locked，设定 Damper 为 60，Limit 为 0.8，如图 5-23 所示。

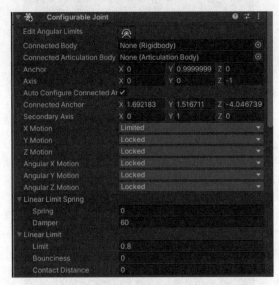

图 5-23　Configurable Joint 组件

5.3　建立可交互的摇杆

视频讲解

在 Hierarchy 视图中建立名为 Level 的立方体，设定其 Layer 为 DirectGrab，如图 5-24 所示。

图 5-24　建立名为 Level 的立方体

调整 Level 的大小和位置，如图 5-25 所示。

在 Hierarchy 视图中，复制 Level 游戏对象，将其改名为 Handle，并将其拖放为 Level 的子对象，如图 5-26 所示。

调整 Handle 的大小和位置，使其变成如图 5-27 所示的形状。

在 Hierarchy 视图中选择 Level 游戏对象，为其增加 Rigidbody 组件，设定 Collision Detection 为 Continuous，关闭 Use Gravity 选项，开启 Is Kinematic 选项，使得其不受重力影响，如图 5-28 所示。

图 5-25　调整 Level 的大小和位置

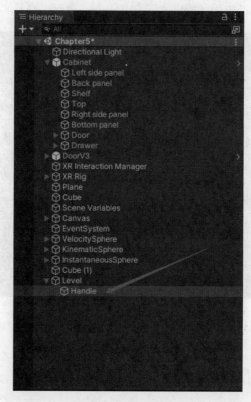

图 5-26　改名为 Handle

图 5-27　调整 Handle 的大小和位置

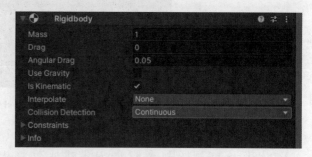

图 5-28　Rigidbody 组件

为 Level 游戏对象添加 Hinge Joint 组件，设定 Axis 的 Z 为 1，单击 按钮，调整轴所在位置，开启 Use Spring 选项，设定 Damper 为 80，开启 Use Limits 选项，设定 Min 为 −60，Max 为 60，如图 5-29 所示。

为 Level 游戏对象添加 XR Grab Interactable 组件，设定 Handle 为 Colliders 列表的一项，设定 Movement Type 为 Velocity Tracking，如图 5-30 所示。

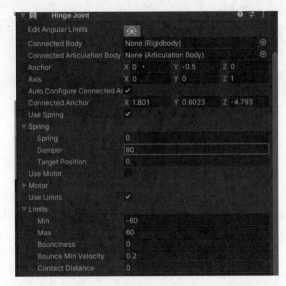

图 5-29　Hinge Joint 组件

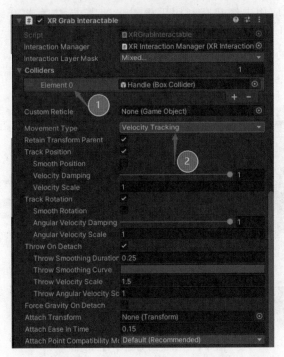

图 5-30　XR Grab Interactable 组件

第 ⟨ 6 ⟩ 章

制作互动的武器

在 VR 射击游戏应用中经常有利用手枪射击的需求,本章将介绍如何使用 Unity XR Interaction Toolkit 建立一把仿真度极高的可以互动的手枪,既能拉动枪栓,也能装载和卸载弹夹,而且在射击的时候完成抛壳等一系列动作。在 Unity 网站的 Asset Store 中寻找 Modern Guns:Handgun 包,单击"添加至我的资源"按钮,如图 6-1 所示。

图 6-1　Modern Guns:Handgun 包

视频讲解

6.1　可以射击的手枪

在 Unity 编辑器的 Package Manager 面板中寻找刚加入的 Modern Guns:Handgun 包,单击 Import 按钮,如图 6-2 所示。

在弹出的 Import Unity Package 对话框中,单击 Import 按钮,如图 6-3 所示。

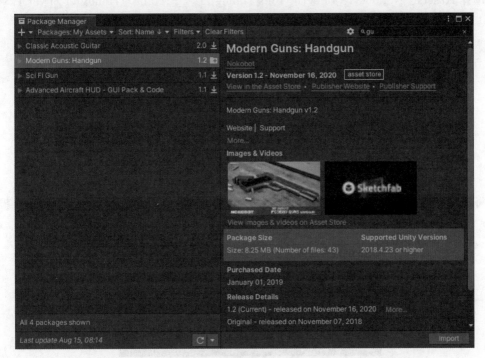

图 6-2　Package Manager 面板中的 Modern Guns：Handgun 包

图 6-3　Import Unity Package 对话框

选择 Assets＞Nokobot＞Modern Guns-Handgun＞_Prefabs＞Handgun Silver 目录下的 M1911 Handgun_Silver(Shooting)预制件,如图 6-4 所示。

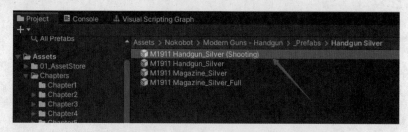

图 6-4　M1911 Handgun_Silver(Shooting)预制件

将该预制件拖放到 Hierarchy 视图中,调整其位置放在代表桌面的 Cube 上,并将其 Layer 设定为 DirectGrab,如图 6-5 所示。

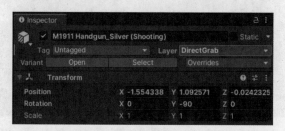

图 6-5　将 Layer 设定为 DirectGrab

在 M1911Handgun_Silver(Shooting)游戏对象下建立一个名为 Collider 的空游戏对象,如图 6-6 所示。

在 Hierarchy 视图中右击,在弹出的上下文菜单中选择 3D Object→Cube 选项,在 Collider 下建立一个立方体,调整该立方体的大小和位置,使其差不多覆盖枪栓的位置,如图 6-7 所示。

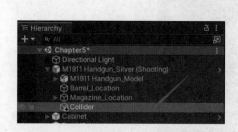

图 6-6　建立 Collider 空游戏对象

图 6-7　在 Collider 下建立一个立方体

删除该对象的 Mesh Filter 和 Mesh Renderer 组件,如图 6-8 所示。

将该 Cube 游戏对象的 Layer 设定为 Grab,如图 6-9 所示。

使用同样的方法在 Collider 游戏对象下建立名为 Cube(1)的子对象,仅含有 Box Collider 组件,调整 Box Collider 的大小和位置,使其位于手枪的把手处,如图 6-10 所示。

设定 Cube(1)的 Layer 为 Grab,如图 6-11 所示。

图 6-8 删除 Mesh Filter 和 Mesh Renderer 组件

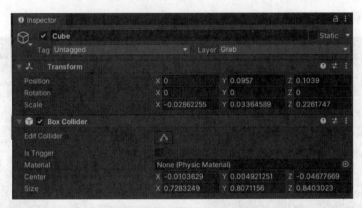

图 6-9 将 Layer 设定为 Grab

图 6-10 名为 Cube(1)的子对象

图 6-11　设定 Cube(1)的 Layer 为 Grab

在 M1911Handgun_Silver(Shooting)游戏对象下建立一个名为 Handle 的空游戏对象，调整其位置，放置在枪把位置，如图 6-12 所示。

图 6-12　名为 Handle 的空游戏对象

设定 Handle 的 Layer 为 Grab，如图 6-13 所示。

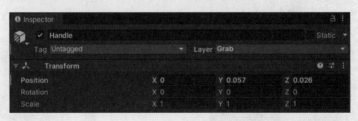

图 6-13　设定 Handle 的 Layer 为 Grab

在 Hierarchy 视图中选择 M1911Handgun_Silver（Shooting）游戏对象为其添加 Rigidbody 组件，如图 6-14 所示。

选择 M1911Handgun_Silver(Shooting)游戏对象下的 M1911 Handgun_Model 游戏对象，如图 6-15 所示。

该游戏对象含有 Simple Shoot 组件，双击 Script 部分的 SimpleShoot 脚本，如图 6-16 所示。

图 6-14　添加 Rigidbody 组件

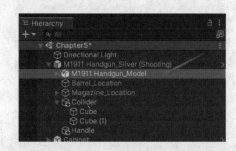

图 6-15　选择 M1911 Handgun_Model 游戏对象

图 6-16　Simple Shoot 组件

在 SimpleShoot 脚本中寻找 Update 代码段:

```
…
void Update()
{
    //如果你想要一个不同的输入,在这里改变它
    if (Input.GetButtonDown("Fire1"))
    {
    //调用枪上的有关动画事件,枪将发射
    gunAnimator.SetTrigger("Fire");
    }
}
    …
```

删除该代码段之后,添加如下代码:

```
public void ShootOne()
{
    gunAnimator.SetTrigger("Fire");
}
```

保存该脚本。在 Hierarchy 视图中选择 M1911Handgun_Silver(Shooting)游戏对象，为其添加 XR Grab Interactable 组件，增加先前添加的 Cube 以及 Cube(1)到其 Colliders 列表中，设定 Attach Transform 为原先添加的 Handle 对象，如图 6-17 所示。

图 6-17　XR Grab Interactable 组件

将 XR Grab Interactable 组件的 Interactor Events 下的 Activated 项目设定为如图 6-18 所示。该设定在控制器把握住该物体的时候，按下扳机键会执行前文设定的 ShootOne 函数。

图 6-18　XR Grab Interactable 组件的 Interactor Events

视频讲解

6.2　可以拆装的弹夹

设定 M1911Handgun_Silver(Shooting)游戏对象的层为 Grab，在 Hierarchy 视图中右击，在弹出的上下文菜单中选择 Prefab→Unpack Completely 选项，对 M1911 Handgun_Silver(Shooting)游戏对象进行分解。找到 M1911 Magazine_Steel 游戏对象，将其拖放到 Hierarchy 视图的根部位置，使其成为一个独立的游戏对象，在 M1911 Handgun_Silver

（Shooting）游戏对象的 Magazine_Location 下建立一个三维球体 Sphere，如图 6-19 所示。

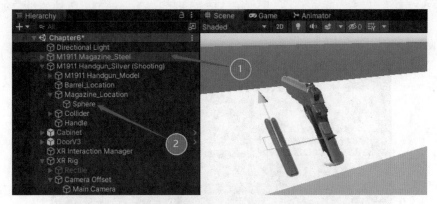

图 6-19 在 Magazine_Location 下建立一个三维球体 Sphere

删除 Sphere 下的 Mesh Filter 和 Mesh Renderer 组件，如图 6-20 所示。

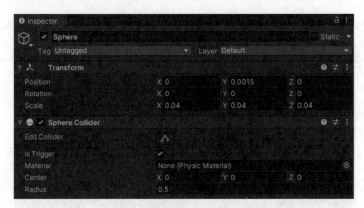

图 6-20 删除 Sphere 下的 Mesh Filter 和 Mesh Renderer 组件

由于 Unity XR Toolkit 下的 XRSocketInteractor 类对基于 XRBaseInteractable 类型的游戏对象（如前文的基于 XR Grab Interactable 的游戏对象）都具备吸附功能，因此需要对 XRSocketInteractor 进行改造，使其只针对具有特定标签（Tag）的物体才具备吸附功能，代码如下：

```
using System.Collections;
using System.Collections.Generic;
using UnityEngine;
using UnityEngine.XR.Interaction.Toolkit;
public class XRSocketInteractorTag : XRSocketInteractor
{
    public string targetTag;
    public override bool CanSelect(XRBaseInteractable interactable)
    {
        return base.CanSelect(interactable) &&
            interactable.CompareTag(targetTag);
    }
}
```

将以上代码存档为 XRSocketInteractorTag.cs 文件并将其拖放到 Inspector 视图的 Sphere 游戏对象上，设定 Target Tag 为 Mag，XR Socket Interactor Tag 组件的设定如图 6-21 所示。

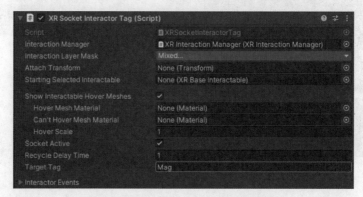

图 6-21　XR Socket Interactor Tag 组件

设定 M1911 Magazine 游戏对象的 Tag 为 Mag，并设定 Layer 为 Grab，如图 6-22 所示。

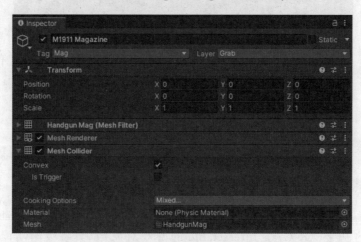

图 6-22　M1911 Magazine 游戏对象

设定 M1911Magazine_Steel 游戏对象的 Tag 为 Mag，并设定 Layer 为 Grab，如图 6-23 所示。

图 6-23　M1911 Magazine_Steel 游戏对象

为 M1911Magazine_Steel 游戏对象添加 Rigidbody 组件，设定 Collision Detection 为 Continuous，如图 6-24 所示。

为 M1911Magazine_Steel 游戏对象添加 XR Grab Interactable 组件，将 M1911 Magazine 对象的 Mesh Collider 加入到 Colliders 列表中，如图 6-25 所示。

如果此时将应用部署到 VR 设备上，在拿起手枪并装载弹夹以后，如果丢弃手枪，则会

图 6-24　Rigidbody 组件

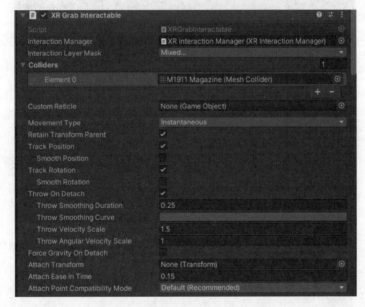

图 6-25　XR Grab Interactable 组件

发现手枪会自己在地面上翻来覆去地跳动，这是因为弹夹和枪体之间存在物理的交互造成的扰动，需要在 Project Settings 对话框的 Physics 选项卡的碰撞矩阵中，将 Grab 层和 Grab 层之间的关联取消，如图 6-26 所示。

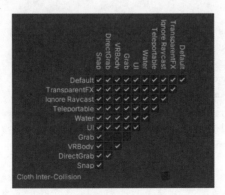

图 6-26　碰撞矩阵

此时扣动扳机发射出的子弹会偶发不能和其他刚体发生碰撞，因此需要修改一下

45ACP Bullet_Head 预制件,将 Capsule Collider 组件的 Radius 设定为 0.005,将 Rigidbody 组件的 Collision Detection 设定为 Continuous,如图 6-27 所示。

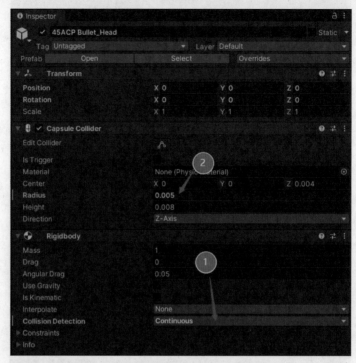

图 6-27 45ACP Bullet_Head 预制件

6.3 可以拉动的枪栓

为 Slider 游戏对象添加 Rigidbody 组件,关闭 Use Gravity 选项,如图 6-28 所示。

为 Slider 游戏对象添加 Box Collider 组件,如图 6-29 所示。

基于 XRGrabInteractable 类利用 C♯ 编写 XROffsetGrabInteractable.cs 脚本,代码如下:

```csharp
using System.Collections;
using System.Collections.Generic;
using UnityEngine;
using UnityEngine.XR.Interaction.Toolkit;
public class XROffsetGrabInteractable : XRGrabInteractable
{
    private Vector3 initialAttachLocalPos;
    private Quaternion initialAttachLocalRot;
    void Start()
    {
        //建立附着对象
        if(!attachTransform)
        {
            GameObject grab = new GameObject("Grab Pivot");
```

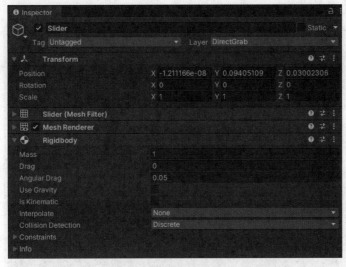

图 6-28　Rigidbody 组件

图 6-29　Box Collider 组件

```
        grab.transform.SetParent(transform, false);
        attachTransform = grab.transform;
    }
    initialAttachLocalPos = attachTransform.localPosition;
    initialAttachLocalRot = attachTransform.localRotation;
}
protected override void OnSelectEntered(SelectEnterEventArgs args)
{
    if(args.interactor is XRDirectInteractor)
    {
        attachTransform.position = args.interactor.transform.position;
        attachTransform.rotation = args.interactor.transform.rotation;
    }
    else
    {
        attachTransform.localPosition = initialAttachLocalPos;
        attachTransform.localRotation = initialAttachLocalRot;
    }
    base.OnSelectEntered(args);
}
}
```

　　把 XROffsetGrabInteractable.cs 文件拖放到 Inspector 视图中的 Slider 游戏对象上形
成 XR Offset Grab Interactable 组件,将 Slider 自身拖放到该组件的 Colliders 列表中,设定

Movement Type 为 Velocity Tracking，如图 6-30 所示。

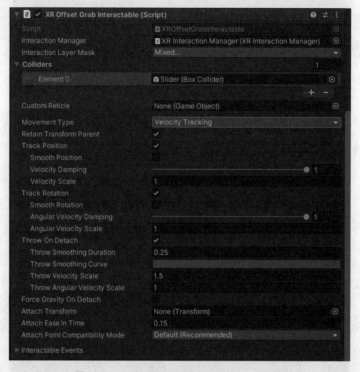

图 6-30　XR Offset Grab Interactable 组件

由于 M1911Handgun_Silver（Shooting）游戏对象本身带有 Animator Controller 组件并在射击时会激发动画，但是该 Animator Controller 组件却会导致控制器抓取枪栓时发生异常行为，所以在 Slider 游戏对象的 XR Offset Grab Interactable 组件的 Interactor Events 下的 Select Entered 事件下，将 M1911 Handgun_Silver（Shooting）游戏对象本身的 Animator Controller 组件失效，而在 Select Exited 事件下，将 M1911 Handgun_Silver（Shooting）游戏对象本身的 Animator Controller 组件生效，如图 6-31 所示。

图 6-31　Select Entered 事件和 Select Exited 事件

为 Slider 游戏对象添加 Configurable Joint 组件，设定 Axis 的 Z 项为−1，将 X Motion 设定为 Limited，而将 Y Motion、Z Motion、Angular X Motion、Angular Y Motion 以及 Angular Z Motion 设定为 Locked，设定 Spring 为 2000、Damper 为 20、Limit 为 0.001，Target Position 的 X 设定为 0.002，如图 6-32 所示。

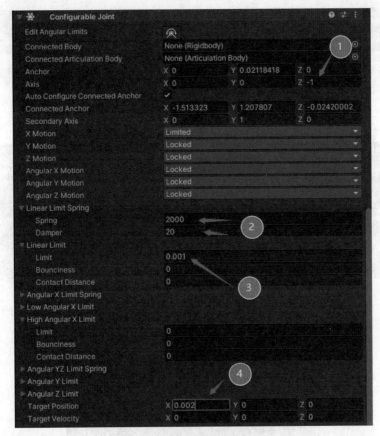

图 6-32　Configurable Joint 组件

配置完成后的手枪的侧视图如图 6-33 所示。

图 6-33　配置完成后的手枪的侧视图

6.4　逻辑功能实现

视频讲解

在 Unity 编辑器的菜单栏中选择 Edit→Project Settings 选项,在 Visual Scripting 选项卡中给 Type Options 添加 Simple Shoot 和 XR Offset Grab Interactable 类型,单击 Regenerate Units 按钮,重新生成可视化脚本节点数据库,如图 6-34 所示。

图 6-34　给 Type Options 添加 Simple Shoot 和 XR Offset Grab Interactable 类型

　　给 M1911Handgun_Silver(Shooting)游戏对象添加宏名为 ReactInteractor 的可视化脚本组件，如图 6-35 所示。

图 6-35　宏名为 ReactInteractor 的可视化脚本组件

　　为宏名为 ReactInteractor 的可视化脚本组件添加对象级变量，如图 6-36 所示。

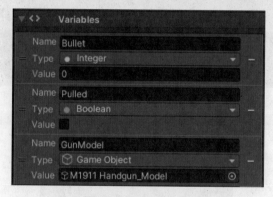

图 6-36　对象级变量

　　宏名为 ReactInteractor 的可视化脚本内容如图 6-37 所示。当把握手枪的控制器的扳机键被按下时，检查 Bullet 是否大于 0 以及 Pulled 是否为真，如果为真，则尝试发射子弹，同时将 Bullet 减 1，同时设定当前弹夹 CurMag 的 Bullet 变量为 Bullet 的数值，如果为否，设定 Pulled 为假。

　　在 Assets/Nokobot/Modern Guns-Handgun/Meshes 目录中选择 45ACP Bullet，将其拖放到 Hierarchy 视图中的 M1911 Magazine_Steel 游戏对象下，并调整其位置和朝向，用其作为此弹夹是否有子弹的视觉提示，如图 6-38 所示。

　　为 M1911Magazine_Steel 游戏对象添加宏名为 Magzine 的可视化脚本组件，如图 6-39 所示。

　　为宏名为 Magzine 的可视化脚本组件添加对象级变量，如图 6-40 所示。

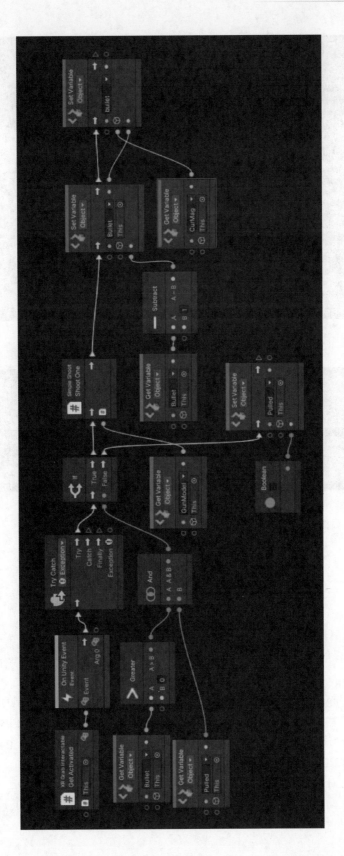

图 6-37 可视化脚本内容

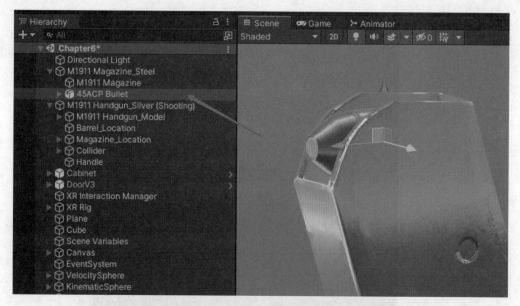

图 6-38　M1911 Magazine_Steel 游戏对象下的子弹

图 6-39　宏名为 Magzine 的可视化脚本组件

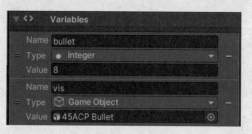

图 6-40　对象级变量

　　宏名为 Magzine 的可视化脚本内容如图 6-41 所示。当弹夹插入到手枪中时，判断插入的是否是标签为 GUN 的游戏对象，同时设定手枪 M1911 Handgun_Silver（Shooting）对象的 CurMag 为当前对象，把手枪 M1911 Handgun_Silver（Shooting）对象的 Bullet 设定为当前弹夹对象的 Bullet 数值。在更新事件发生时，检查 Bullet 是否大于 0，如果大于 0 则显示 45ACP Bullet 对象，否则隐藏 45ACP Bullet 对象。

　　设定手枪 M1911 Handgun_Silver（Shooting）对象的 Tag 为 GUN，如图 6-42 所示。

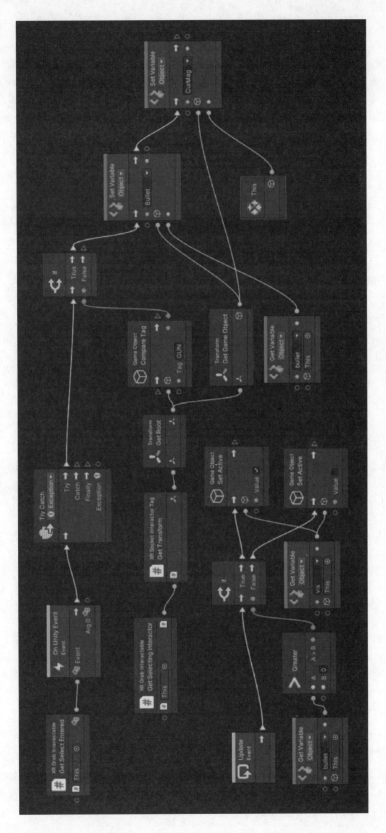

图 6-41 宏名为 Magzine 的可视化脚本内容

图 6-42　M1911 Handgun_Silver(Shooting)对象的 Tag

将手枪 M1911Handgun_Silver(Shooting)对象的 Interactor Events 下的 Activated 项目删除，因为已经有可视化脚本(图 6-37)能完成相同的任务了，如图 6-43 所示。

图 6-43　Interactor Events 下的 Activated 项目

选择 Hierarchy 视图下的 M1911Handgun_Silver(Shooting)对象下的 Slider 子对象，如图 6-44 所示。

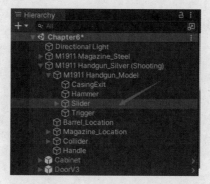

图 6-44　Slider 子对象

为 Slider 游戏对象添加宏名为 PullGun 的可视化脚本组件，如图 6-45 所示。

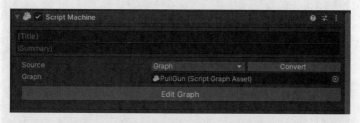

图 6-45　宏名为 PullGun 的可视化脚本组件

为宏名为 PullGun 的可视化脚本组件添加对象级变量，如图 6-46 所示。

宏名为 PullGun 的可视化脚本内容如图 6-47 所示。当控制器选择该游戏对象时设定 gun 的对象变量 Pulled 为真。

从 Hierarchy 视图中拖放 M1911Magazine_Steel 到 Assets 下的 Prefabs 目录，形成预制件，并在 Hierarchy 视图中复制此预制件的多个副本，以备在 VR 中使用这些弹夹来补充弹药，如图 6-48 所示。

图 6-46　添加对象级变量

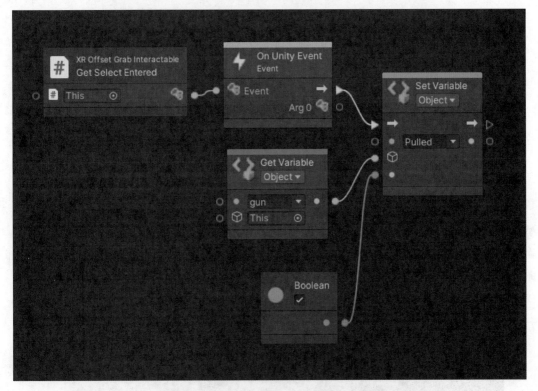

图 6-47　宏名为 PullGun 的可视化脚本内容

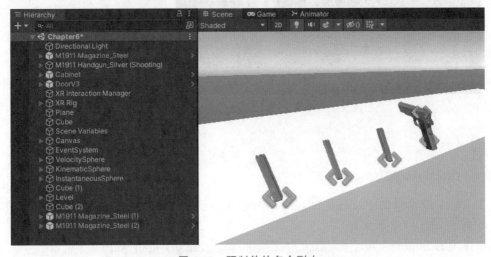

图 6-48　预制件的多个副本

第 ⟨7⟩ 章

可以双手互动的物体

在 VR 应用中,经常会出现需要使用双手对物体进行互动的情形,如双手把握的步枪等。本章将介绍如何使用 Unity XR Interaction Toolkit 建立可以使用双手互动的物体。在 Unity 网站的 Asset Store 中寻找 AK-74(HDRP)包,单击"添加至我的资源"按钮,如图 7-1 所示。

图 7-1   AK-74(HDRP)包

视频讲解

7.1   资源准备

在 Unity 编辑器的 Package Manager 面板中找到刚加入的 AK-74(HDRP)包,单击 Import 按钮,如图 7-2 所示。

在弹出的 Import Unity Package 对话框中,单击 Import 按钮,如图 7-3 所示。

选择 Project 视图下 Assets\Cold War Weapons\AK74M\Prefabs 下的 ak74m 预制件,如图 7-4 所示。将其拖放到 Hierarchy 视图。

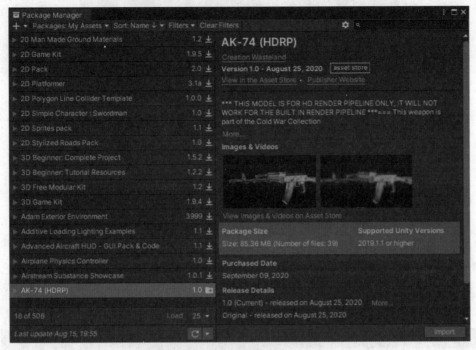

图 7-2　Package Manager 面板

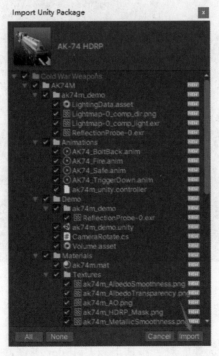

图 7-3　Import Unity Package 对话框

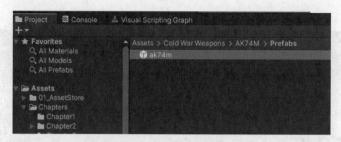

图 7-4　ak74m 预制件

由于该素材包是面向 HDRP 渲染管线提供的，而移动平台 VR 所用渲染管线大多是 URP 管线，因此有必要修改一下对应的材质设定，选择 Project 视图下 Assets\Cold War Weapons\AK74M\Materials 的 AK74m 材质。

在 Inspector 视图中单击 🔒 按钮，锁定当前 AK74m 材质的属性，将 Assets\Cold War Weapons\AK74M\Materials\Textures 下的纹理文件分别拖放到材质对应字段前的小方框中，例如 ak74m_AlbedoSmoothness 对应着 Albedo 项目，ak74m_MetallicSmoothness 对应着 Metallic 项目，ak74m_AO 对应着 Occlusion 项目，ak74m_Normal 对应着 Normal Map 项目，再次单击 🔒 按钮解锁属性，如图 7-5 所示。

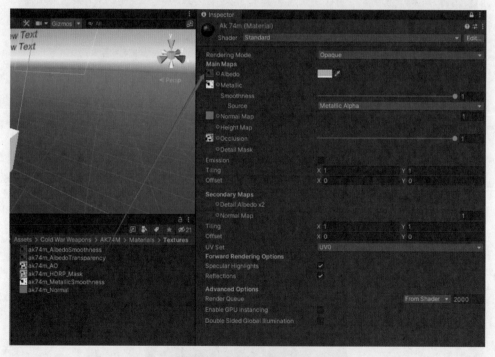

图 7-5　AK74m 材质

在 Hierarchy 视图中选择 ak74m 并展开，选择其下属的第一层所有子对象，如图 7-6 所示。

在 Inspector 视图中为选择的对象添加 Box Collider 组件，如图 7-7 所示。

在 Hierarchy 视图中选择 ak74m 对象，将其 Layer 设定为 Grab，如图 7-8 所示。

图 7-6　选择 ak74m 并展开

图 7-7　Box Collider 组件

图 7-8　将 Layer 设定为 Grab

7.2　实现双手操控的逻辑

视频讲解

基于 XRGrabInteractable 类利用 C♯编写 TwoHandGrabInteractable.cs 脚本,代码如下:

```csharp
using System.Collections;
using System.Collections.Generic;
using UnityEngine;
using UnityEngine.XR.Interaction.Toolkit;
public class TwoHandGrabInteractable : XRGrabInteractable
{
    public List<XRSimpleInteractable> secondHandGrabPoints =
                     new List<XRSimpleInteractable>();
    private XRBaseInteractor secondInteractor;
    private Quaternion attachInitialRotation;
    public enum TwoHandRotationType {None, First, Second};
```

```
public TwoHandRotationType twoHandRotationType;
// Start is called before the first frame update
void Start()
{
    foreach (var item in secondHandGrabPoints)
    {
        item.selectEntered.AddListener(OnSecondHandGrab);
        item.selectExited.AddListener(OnSecondHandRelease);
    }
}
private Quaternion GetTwohandRotaion()
{
    Quaternion targetRotaion;
if (twoHandRotationType == TwoHandRotationType.None)
{
    targetRotaion = Quaternion.LookRotation(
    secondInteractor.attachTransform.position -
    selectingInteractor.attachTransform.position);
}
else if (twoHandRotationType == TwoHandRotationType.First)
{
    targetRotaion = Quaternion.LookRotation(
    secondInteractor.attachTransform.position -
    selectingInteractor.attachTransform.position,
    selectingInteractor.attachTransform.up);
}
else
{
    targetRotaion = Quaternion.LookRotation(
    secondInteractor.attachTransform.position -
    selectingInteractor.attachTransform.position,
    secondInteractor.attachTransform.up);
}
    return targetRotaion;
}
public override void ProcessInteractable
(XRInteractionUpdateOrder.UpdatePhase updatePhase)
{
    if (secondInteractor && selectingInteractor)
    {
        selectingInteractor.attachTransform.rotation = GetTwohandRotaion();
    }
    base.ProcessInteractable(updatePhase);
}
public void OnSecondHandGrab(SelectEnterEventArgs args)
{
    secondInteractor = args.interactor;
}
public void OnSecondHandRelease(SelectExitEventArgs args)
{
    secondInteractor = null;
```

```
    }
    protected override void OnSelectEntered(SelectEnterEventArgs args)
    {
        base.OnSelectEntered(args);
        attachInitialRotation = args.interactor.attachTransform.localRotation;
    }
    protected override void OnSelectExited(SelectExitEventArgs args)
    {
        base.OnSelectExited(args);
        secondInteractor = null;
        args.interactor.attachTransform.localRotation = attachInitialRotation;
    }
    public override bool IsSelectableBy(XRBaseInteractor interactor)
    {
        bool isalreadygrabed =
        selectingInteractor && !interactor.Equals(selectingInteractor);
        return base.IsSelectableBy(interactor) && !isalreadygrabed;
    }
}
```

把 TwoHandGrabInteractable.cs 文件拖放到 Inspector 视图中的 ak74m 游戏对象上形成 Two Hand Grab Interactable 组件,如图 7-9 所示。

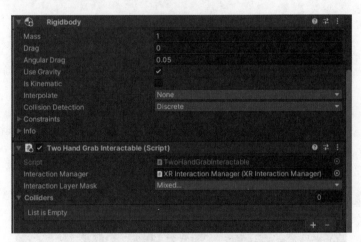

图 7-9   Two Hand Grab Interactable 组件

在 Hierarchy 视图中 ak74m 下建立名为 GrabPoint 的空子对象,如图 7-10 所示。

把 GrabPoint 游戏对象的 Layer 设定为 Grab,如图 7-11 所示。

把 ak74m 展开后下属的第一层所有子对象的 Box Collider 加入 Two Hand Grab Interactable 组件的 Colliders 列表中,设定 Attach Transform 为 GrabPoint,如图 7-12 所示。

在 ak74m 游戏对象下添加名为 SecondHandGrab 的 Cube 三维对象,如图 7-13 所示。

调整 SecondHandGrab 对象对应的立方体的位置和大小,将其放置于枪的前部,如图 7-14 所示。

图 7-10 建立名为 GrabPoint 的空子对象

图 7-11 GrabPoint 游戏对象

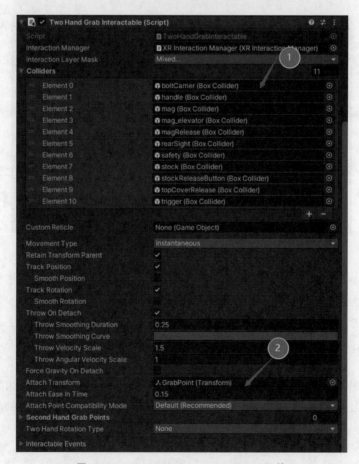

图 7-12 Two Hand Grab Interactable 组件

图 7-13　SecondHandGrab 对象

图 7-14　调整 SecondHandGrab 对象对应的
立方体的位置和大小

删除 SecondHandGrab 对象的 Mesh Filter 和 Mesh Renderer 组件，添加 XR Simple
Interactable 组件，将 SecondHandGrab 对象对应的 Box Collider 添加到 Colliders 列表中，
将 SecondHandGrab 对象的 Layer 设定 Second，如图 7-15 所示。

图 7-15　SecondHandGrab 对象

在 Hierarchy 视图中复制 SecondHandGrab 为 SecondHandGrab(1)，调整其位置和大
小，将其放置在弹夹的位置，如图 7-16 所示。

在 Hierarchy 视图中选择 ak74m，在 Inspector 视图中找到 Two Hand Grab
Interactable 组件，在 Second Hand Grab Points 列表中添加刚刚添加的 SecondHandGrab
和 SecondHandGrab(1)对象，如图 7-17 所示。

图 7-16   放置 SecondHandGrab(1)在弹夹的位置

图 7-17   Second Hand Grab Points 列表

在 Project Settings 对话框的 Physics 选项卡的碰撞矩阵中，将 Second 层和 Grab、VRBody、DirectGrab 以及 Snap 层之间的关联取消，如图 7-18 所示。

图 7-18   碰撞矩阵

此时将应用部署到 VR 设备中，就可以用双手持枪了。

第 8 章

可吸附区域

Unity 本身自带的 XR Interaction Toolkit 所包含的 XR Socket Interactor 能够简单地吸附含有 XR Grab Interactable 的组件,但是含有基于 XR Grab Interactable 派生类的组件可能导致其吸附行为有些古怪,因此需要根据需求自定义可吸附区域。

8.1 资源准备

视频讲解

在 Hierarchy 视图中,建立名为 CustomeSnapzone 的立方体,如图 8-1 所示。

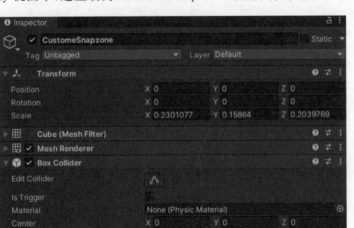

图 8-1 名为 CustomeSnapzone 的立方体

建立名为 Mat My Snap 的材质,设定 Rendering Mode 为 Transparent,设定 Albedo 属性,如图 8-2 所示。材质 Mat My Snap 用于指示吸附功能是否开启,透明淡蓝色表示未开启,而透明橙黄色表示开启吸附功能。

调整 CustomeSnapzone 游戏对象的立方体的大小和位置,让其位于 XR Rig 的右边,如

图 8-3 所示。

图 8-2　名为 Mat My Snap 的材质

图 8-3　调整 CustomeSnapzone 的立方体的大小和位置

开启 CustomeSnapzone 游戏对象的 Box Collider 组件的 Is Trigger 选项，让其能够接纳刚体的放入，如图 8-4 所示。

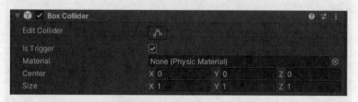

图 8-4　Box Collider 组件

为 CustomeSnapzone 游戏对象添加名为 MySnapZone 的可视化脚本组件，如图 8-5所示。

图 8-5　名为 MySnapZone 的可视化脚本组件

为宏名为 MySnapZone 的可视化脚本组件添加对象级变量,如图 8-6 所示。

图 8-6 对象级变量

在 Unity 编辑器的菜单栏中选择 Edit→Project Settings 选项,在 Visual Scripting 选项卡中给 Type Options 添加 Two Hand Grab Interactable 类型,如图 8-7 所示,单击 Regenerate Units 按钮,重新生成可视化脚本节点数据库。

图 8-7 添加 Two Hand Grab Interactable 类型

8.2 可吸附区域的逻辑实现

视频讲解

宏名为 MySnapZone 的可视化脚本内容的 Late Update 事件部分如图 8-8 所示。该可视化脚本的目的在于获得 VR 设备的头部摄像机的位置,并根据 offset 设定将可吸附区域紧跟在 VR Rig 的附近。

宏名为 MySnapZone 的可视化脚本内容的 On Trigger Exit 事件部分如图 8-9 所示。该可视化脚本的目的在于判断离开可吸附区域的物体是否是指定 Two Hand Grab Interactable 类型的物体,如果是,则做出相应设定。其中,整数 6 是本例中 Unity Layer 中 Grab 所对应的层号(读者需根据自己项目的实际情况做出调整)。

宏名为 MySnapZone 的可视化脚本内容的 On Trigger Enter 事件以及 Start 事件部分如图 8-10 所示。该可视化脚本的目的在于判断进入可吸附区域的物体是否是指定 Two Hand Grab Interactable 类型的物体,如果是则做出相应设定,并激发该物体上 Attach 的自定义事件。

在 Hierarchy 视图中选择 ak74m 对象,为其增加宏名为 GunHandle 的可视化脚本组件,如图 8-11 所示。

宏名为 MySnapZone 的可视化脚本内容的 Start 事件以及 Update 事件部分如图 8-12 所示。该可视化脚本的目的在于判断物体是否进入可吸附区域并做出相应的设定。

宏名为 MySnapZone 的可视化脚本的 Custom Event 事件部分如图 8-13 所示。该可视化脚本的作用是响应可吸附区域内发出 Attach 用户自定义事件,并对该物体做出相应的设定。

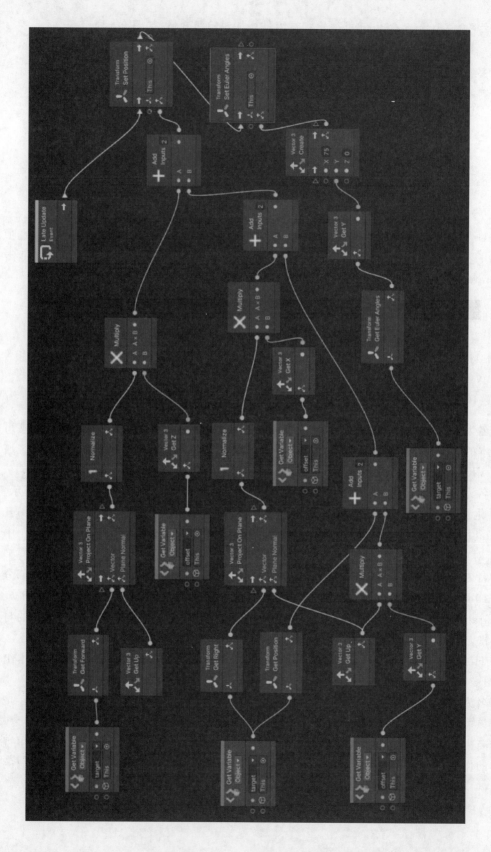

图 8-8 Late Update 事件部分

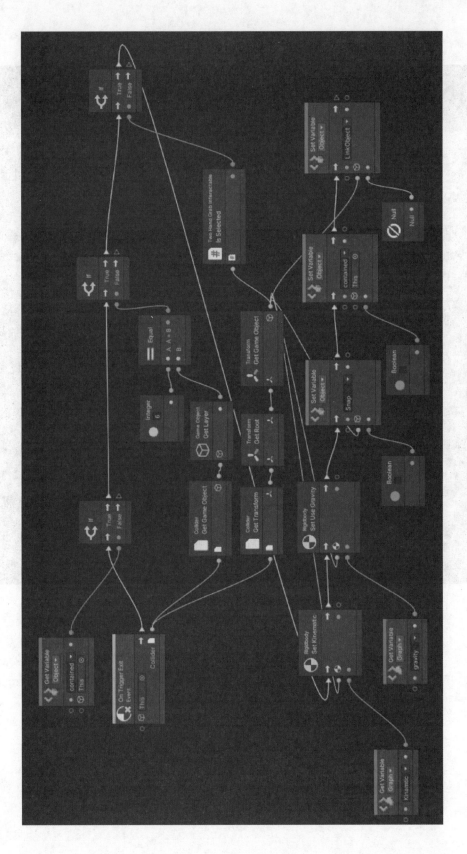

图 8-9 On Trigger Exit 事件部分

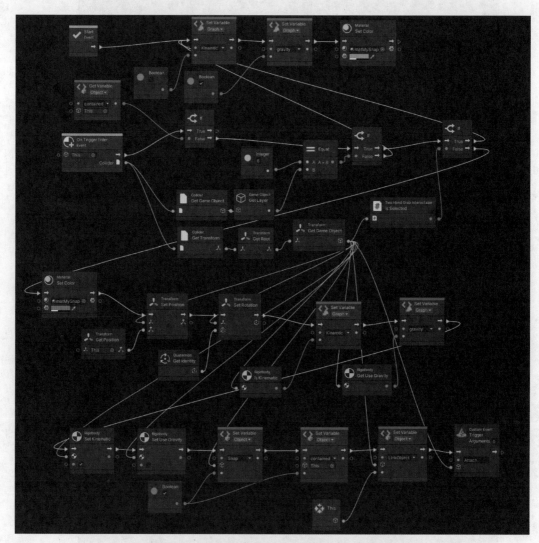

图 8-10　On Trigger Enter 事件以及 Start 事件部分

图 8-11　增加宏名为 GunHandle 的可视化脚本组件

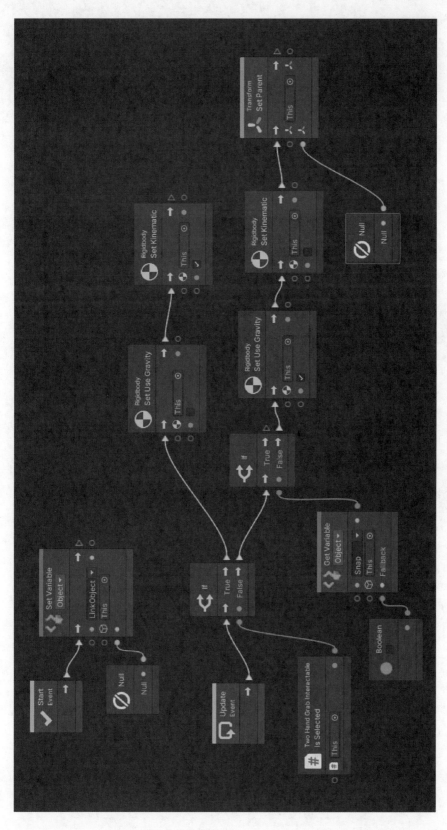

图 8-12　Start 事件以及 Update 事件部分

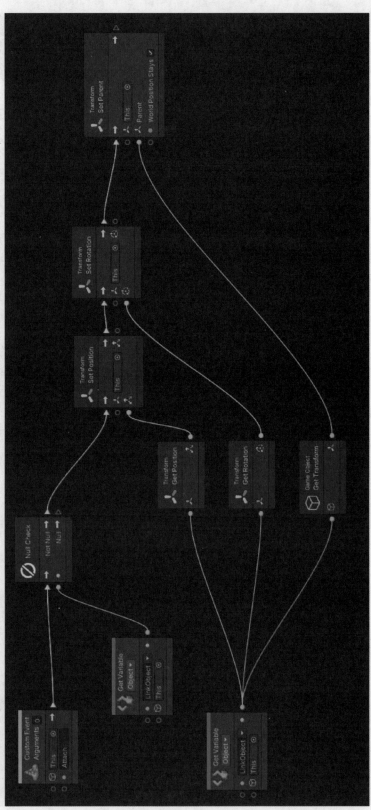

图 8-13 Custom Event 事件部分

第 〈9〉 章

在VR中射箭

在 VR 中进行射箭对于用户而言是一项很特殊的体验,本章讨论在 VR 中实现射箭功能。在 Unity 编辑器的菜单栏中选择 Assets→Import Package→Custom Package 选项,在 Import package 对话框中选择 Bow.unitypackage,如图 9-1 所示,单击"打开"按钮导入。

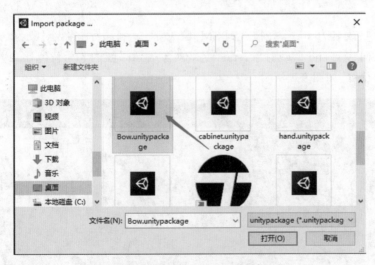

图 9-1　Import package 对话框

9.1　资源准备

在弹出的 Import Unity Package 对话框中,单击 Import 按钮导入资源,如图 9-2 所示。

在 Project 视图中的 Assets\Bow\Meshes 中选择 SM_Bow 模型,将其拖放到 Hierarchy 视图,调整其位置将其放置在 Cube 代表的桌面上,如图 9-3 所示。

在 Hierarchy 视图中展开 SM_Bow,复制 notch 为 notch(1),如图 9-4 所示。

视频讲解

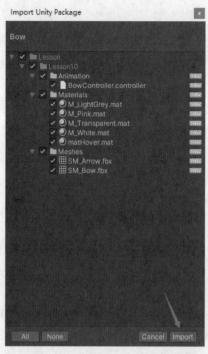

图 9-2　Import Unity Package 对话框

图 9-3　SM_Bow 模型

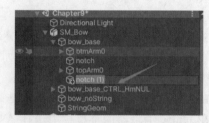

图 9-4　复制 notch 为 notch(1)

　　把 notch(1)改名为 start，并拖放到 SM_Bow 下，复制 start 游戏对象为 end 游戏对象，沿着 Z 轴反方向移动 end 游戏对象，start 游戏对象表示弓弦的起始位置，end 游戏对象表示弓弦拉满时的位置，如图 9-5 所示。

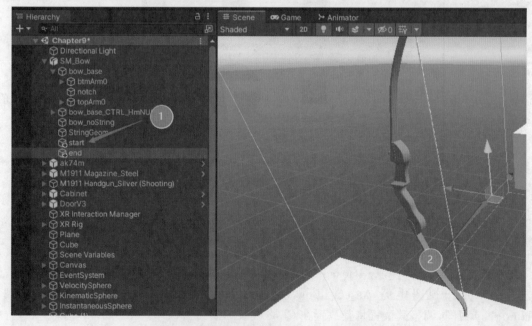

图 9-5　复制 start 游戏对象为 end 游戏对象

为 SM_Bow 添加 Box Collider 组件,如图 9-6 所示。

图 9-6　Box Collider 组件

展开 Hierarchy 视图中的 SM_Bow 游戏对象,找到 bow_base_CTRL 游戏对象,如图 9-7 所示。

图 9-7　bow_base_CTRL 游戏对象

为 SM_Bow 游戏对象添加 XR Grab Interactable 组件,将设定的 Box Collider 放置到 Colliders 列表中,设定 Attach Transform 为 bow_base_CTRL,如图 9-8 所示。

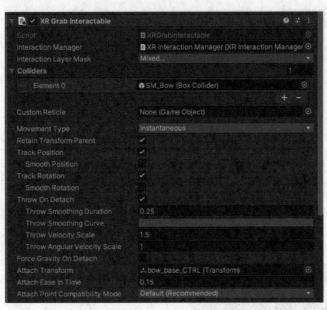

图 9-8　XR Grab Interactable 组件

在 Project 视图中的 Assets\Bow\Meshes 中选择 SM_Arrow 模型,将其拖放到 Hierarchy 视图,调整其位置将其放置在 Cube 代表的桌面上,设定 SM_Arrow 游戏对象的 Layer 为 Grab,如图 9-9 所示。

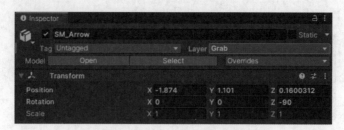

图 9-9　设定 SM_Arrow 游戏对象的 Layer

为 SM_Arrow 游戏对象添加 Rigidbody 组件，设定 Collision Detection 为 Continuous，如图 9-10 所示。

图 9-10　Rigidbody 组件

为 SM_Arrow 游戏对象添加 Capsule Collider 组件，设定 Height 为 0.84，Direction 为 Y-Axis，如图 9-11 所示。

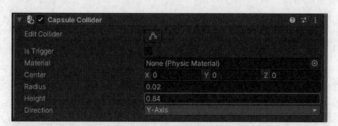

图 9-11　Capsule Collider 组件

在 Hierarchy 视图中的 SM_Arrow 下添加 Handle 空游戏对象，如图 9-12 所示。调整 Handle 空游戏对象的朝向，使得其 Z 轴朝向箭头的方向，如图 9-13 所示。

图 9-12　添加 Handle 空游戏对象

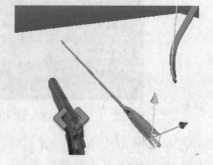

图 9-13　调整 Handle 空游戏对象的朝向

将 Handle 空游戏对象的 Layer 设定为 Grab，如图 9-14 所示。

图 9-14　设定 Handle 空游戏对象的 Layer

给 Hierarchy 视图中的 SM_Arrow 游戏对象添加 XR Grab Interactable 组件，将设定的 Capsule Collider 放置到 Colliders 列表中，设定 Attach Transform 为 Handle，如图 9-15 所示。

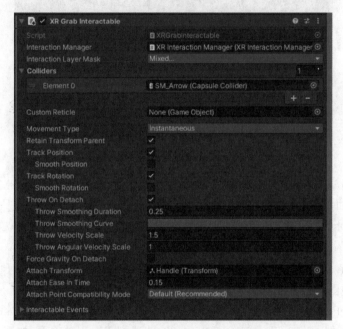

图 9-15　XR Grab Interactable 组件

9.2　箭的逻辑实现

为 SM_Arrow 游戏对象添加宏名为 ArrowController 的可视化脚本组件，如图 9-16 所示。

视频讲解

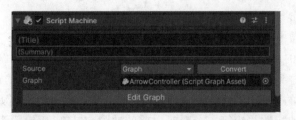

图 9-16　宏名为 ArrowController 的可视化脚本组件

为 SM_Arrow 游戏对象添加对象级变量列表，如图 9-17 所示。

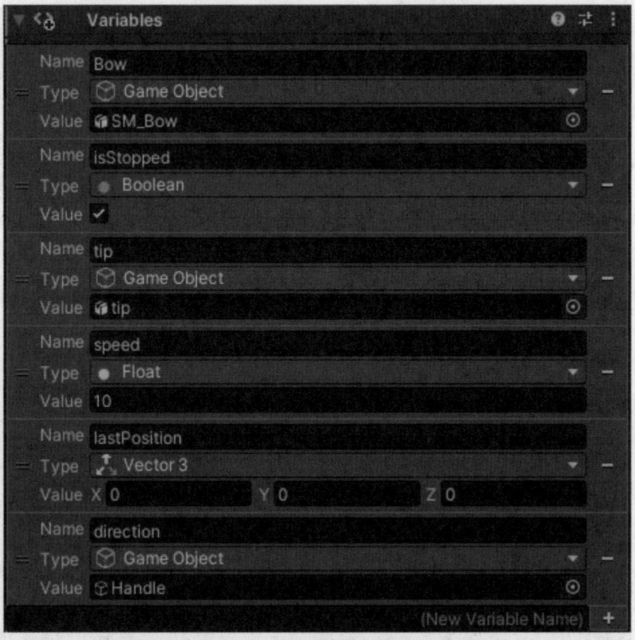

图 9-17   对象级变量列表

宏名为 ArrowController 的可视化脚本内容如图 9-18 所示。判断 SM_Arrow 是否被控制器把握着，如把握着，则设定 SM_Bow 对象的 arrowinhand 为真，设定 SM_Bow 对象的 cArrow 为当前对象；如没有把握着，则设定 SM_Bow 对象的 arrowinhand 为假，设定 SM_Bow 对象的 cArrow 为空。

将 Hierarchy 视图中的 SM_Arrow 拖放到 Prefabs 目录下形成预制件并改名为 ArrowPrefab，如图 9-19 所示。

选择 ArrowPrefab 对象，在 Inspector 视图中单击 Open Prefab，在 ArrowPrefab 下新建 Wrap 空对象，把 polySurface2、tip 和 Handle 放置到 Wrap 对象下，如图 9-20 所示。

选择 Wrap 对象进行旋转，设定 Rotation 的 X 项目为−90，使得弓箭的箭头朝向 Z 轴的正方向，如图 9-21 所示。

为 ArrowPrefab 预制件添加 Rigidbody 组件，开启 Is Kinematic 选项，关闭 Use Gravity 选项，设定 Collision Detection 为 Continuous，如图 9-22 所示。

设定 ArrowPrefab 预制件的 Layer 为 Default，如图 9-23 所示。

为 ArrowPrefab 预制件添加宏名为 Arrow 的可视化脚本组件，如图 9-24 所示。

为 ArrowPrefab 预制件添加对象级变量列表，如图 9-25 所示。

在 Layer 编辑器中添加 Target 层，如图 9-26 所示。

宏名为 Arrow 的可视化脚本组件的 Update 事件部分的内容如图 9-27 所示。本部分用于检测箭头是否碰到位于 Target 层的对象，如果碰到则停止该箭的运动。

宏名为 Arrow 的可视化脚本组件的 Fire 自定义事件部分的内容如图 9-28 所示。本部分用于设定箭的运动特性并给箭一个瞬时向前的冲力，在 10s 后销毁箭。

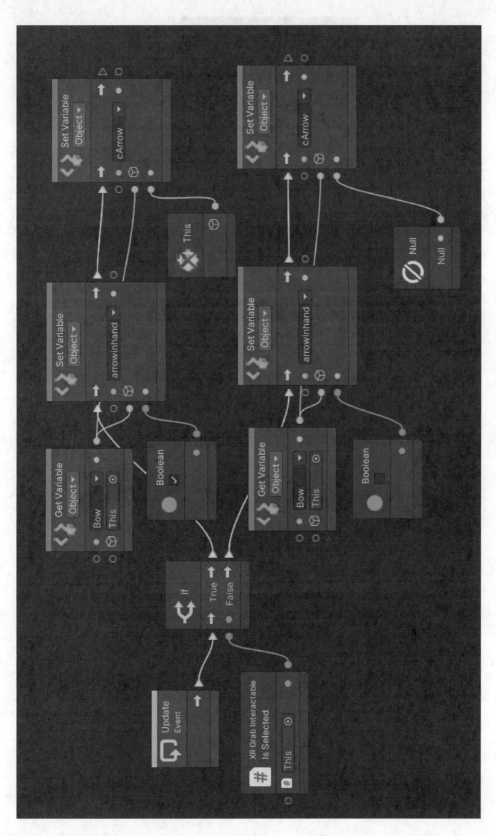

图 9-18 ArrowController 的可视化脚本内容

图 9-19　预 制 件

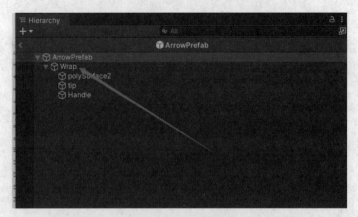

图 9-20　Wrap 对象

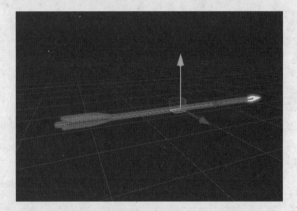

图 9-21　弓箭的箭头朝向 Z 轴的正方向

图 9-22　Rigidbody 组件

图 9-23　ArrowPrefab 预制件的 Layer

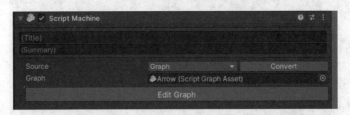

图 9-24　添加宏名为 Arrow 的可视化脚本组件

图 9-25　对象级变量列表

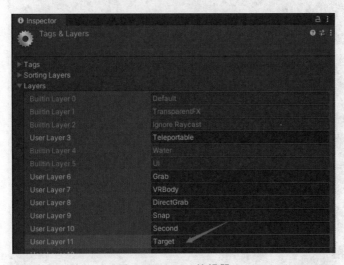

图 9-26　Layer 编辑器

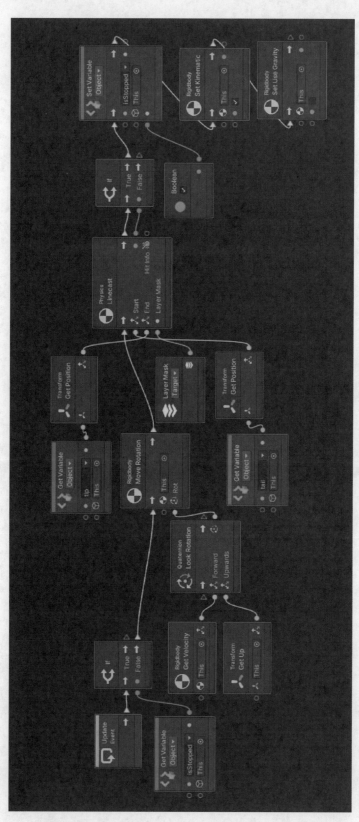

图 9-27　Update 事件部分

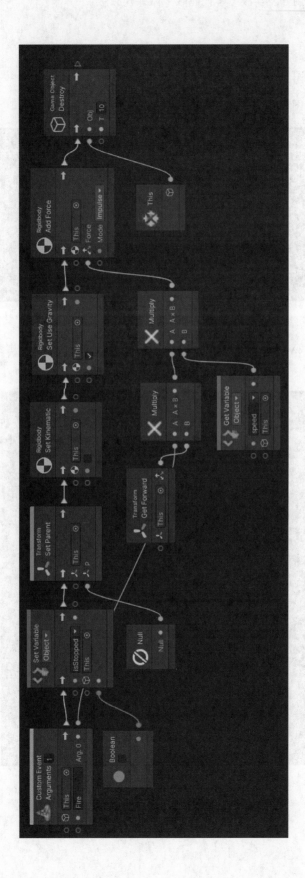

图9-28　Fire自定义事件部分

9.3　弓的逻辑实现

在 Hierarchy 视图中选择 SM_Bow 游戏对象，如图 9-29 所示。

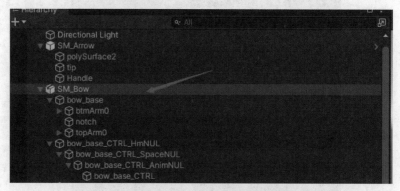

图 9-29　选择 SM_Bow 游戏对象

为 SM_Bow 游戏对象添加宏名为 Bow 的可视化脚本组件，并为其添加对象级变量列表，如图 9-30 所示。

图 9-30　对象级变量列表

在 Project 视图中右击，在弹出的上下文菜单中选项 Create→Visual Scripting→Script Graph 选项，建立名为 Calculate Pull 的宏，如图 9-31 所示。

图 9-31　选择 Create→Visual Scripting→Script Graph 选项

Calculate Pull 宏的内容如图 9-32 所示。该部分可根据 mEnd 和 mStart 之间的距离计算弓弦变化的程度。

宏名为 Bow 的 Update 事件对应的部分如图 9-33 所示。本部分用于处理右手控制器按下扳机键发射箭的逻辑。

而宏名为 Bow 的 Update 以及 Start 事件对应的部分如图 9-34 所示。该部分用于根据 Calculate Pull 超级单元的输出计算出弓弦的变化程度。

而宏名为 Bow 的自定义事件 FireArrow 对应的部分如图 9-35 所示。该部分用于响应 FireArrow 事件，并激发 m_CurrentArrow 的 Fire 事件。

在 Hierarchy 视图中建立一个名为 Capsule 且 Layer 为 Target 的胶囊游戏对象，如图 9-36 所示。

在 Scene 视图中调整 Capsule 的位置，使其成为弓箭的靶子，如图 9-37 所示。

将应用部署到 VR 设备上，利用左手控制器把握弓，右手控制器把握箭，把箭末端放置在弓弦中点的位置，按下右手控制器的扳机键并同时拉动弓弦，在要射箭的时候，松开右手控制器的扳机键即可完成射箭的动作。

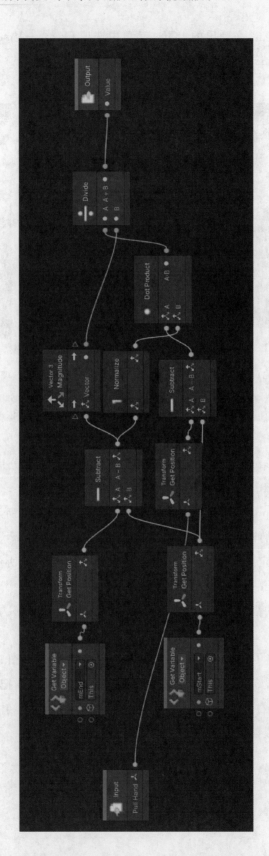

图 9-32　Calculate Pull 宏的内容

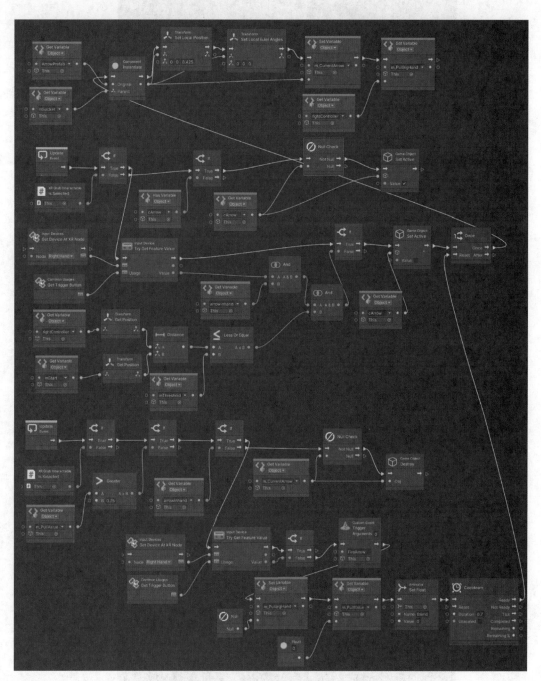

图 9-33　Update 事件对应的部分

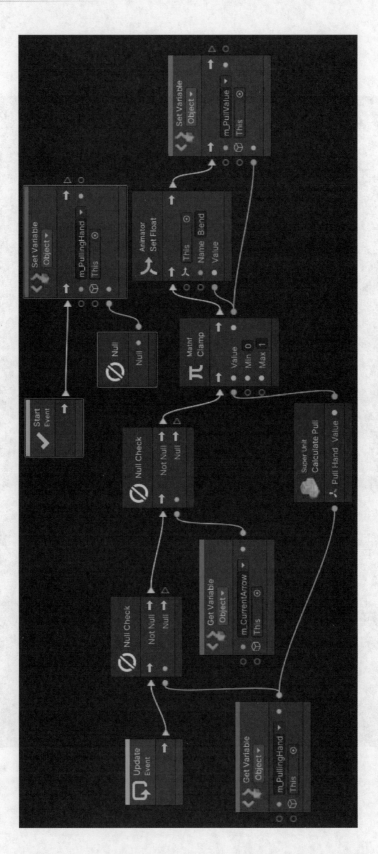

图 9-34　Update 以及 Start 事件对应的部分

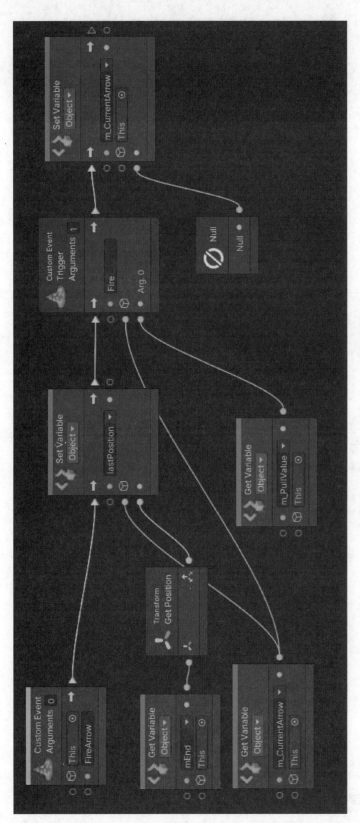

图 9-35 自定义事件 FireArrow 对应的部分

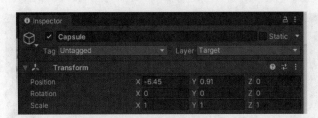

图 9-36　名为 Capsule 的游戏对象

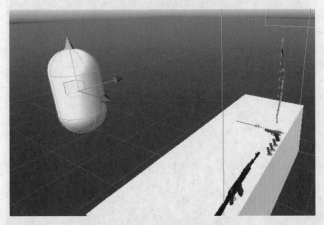

图 9-37　调整 Capsule 的位置

第 10 章

在VR中投掷物体

在 VR 环境中经常有投掷物体的需求,本章讨论在 VR 中完成投掷物体功能。在 Unity 编辑器的菜单栏中选择 Assets→Import Package→Custom Package 选项,在 Import package 对话框中选择 axe. unitypackage,如图 10-1 所示,单击"打开"按钮导入。

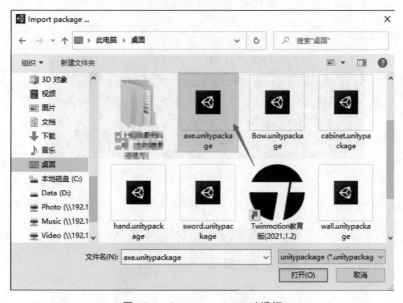

图 10-1　Import package 对话框

10.1　资源准备

选择 Project 视图中的 Assets\Axe\Prefab 目录下的预制件 axe,如图 10-2 所示。把 axe 预制件拖放到 Hierarchy 视图中,设定 Layer 为 DirectGrab,如图 10-3 所示。

视频讲解

图 10-2　预制件 axe

图 10-3　设定 Layer 为 DirectGrab

在 Hierarchy 视图中的 axe 对象下增加 Handle 空游戏对象，如图 10-4 所示。

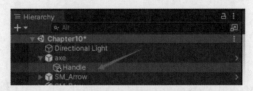

图 10-4　Handle 空游戏对象

设定 Handle 的 Layer 为 DirectGrab，如图 10-5 所示。

图 10-5　设定 Handle 的 Layer

设定 Handle 的 Rotation 属性，调整为 Z 轴朝向斧头尖的朝向，如图 10-6 所示。

图 10-6　调整为 Z 轴朝向斧头尖的朝向

为 axe 对象添加 Rigidbody 组件，设定 Collision Detection 为 Continuous，如图 10-7 所示。

图 10-7 Rigidbody 组件

为 axe 对象添加 Mesh Collider 组件,开启 Convex 选项,如图 10-8 所示。

图 10-8 Mesh Collider 组件

为 axe 对象添加 XR Grab Interactable 组件,将 axe(Mesh Collider)添加到 Colliders 列表中,设定 Attach Transform 为 Handle,如图 10-9 所示。

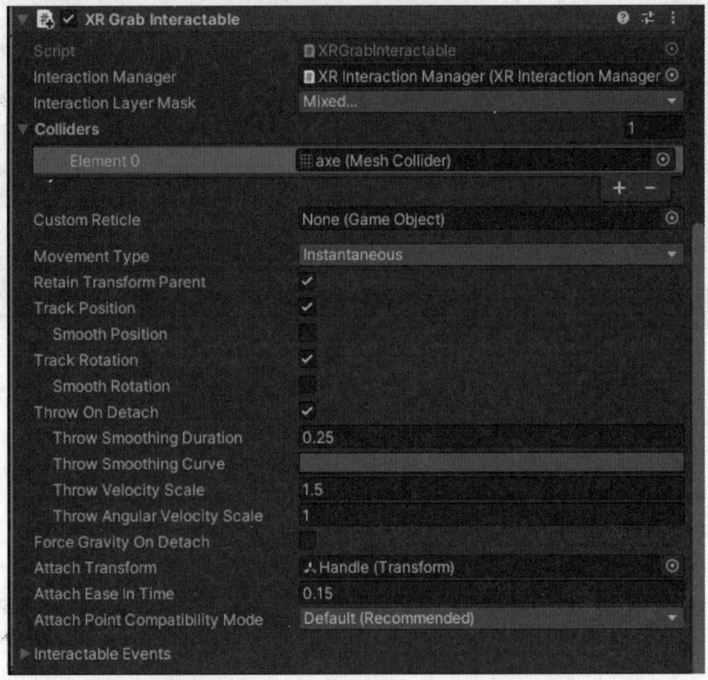

图 10-9 XR Grab Interactable 组件

10.2 逻辑实现

为 axe 对象添加宏名为 ThrowAxe 的可视化脚本组件，如图 10-10 所示。

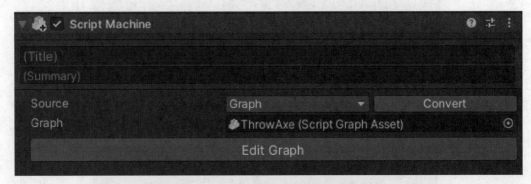

图 10-10 宏名为 ThrowAxe 的可视化脚本组件

为宏名为 ThrowAxe 的可视化脚本组件添加对象级变量，如图 10-11 所示。

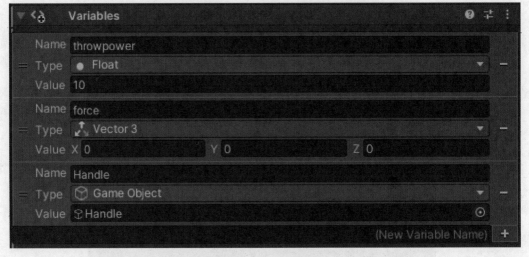

图 10-11 对象级变量

宏名为 ThrowAxe 的可视化脚本组件的 Update 事件部分的内容如图 10-12 所示。该部分不断计算当前斧子所在控制器的速度幅度，并将该幅度赋值到对象级变量 force 上。

宏名为 ThrowAxe 的可视化脚本组件的 On Select Exied 事件部分的内容如图 10-13 所示。该部分在控制器释放物体的一瞬间根据 force 变量给物体一个冲力，完成投掷动作。

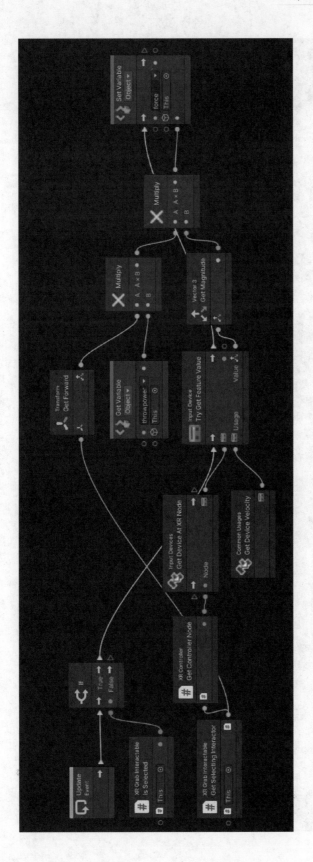

图 10-12 Update 事件部分的内容

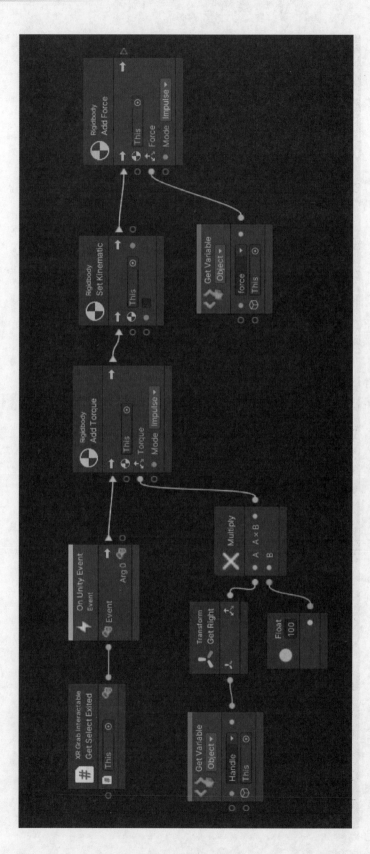

图10-13 On Select Exied 事件部分的内容

第 ❰11❱ 章

在VR中砍切物体

在 VR 应用中经常有砍切物体的需求,例如 VR 切水果的游戏。本章将介绍如何使用 Unity XR 实现砍切物体的功能。在 Unity 网站的 Asset Store 中找到 Katana Sword Free 包,单击"添加至我的资源"按钮,如图 11-1 所示。

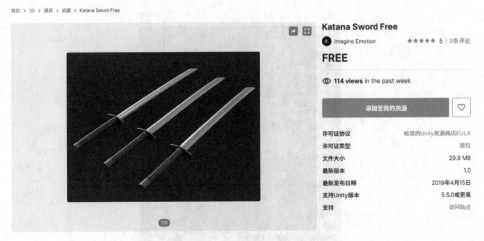

图 11-1 Katana Sword Free 包

11.1 资源准备

在 Unity 编辑器的 Package Manager 面板中找到刚加入的 Katana Sword Free 包,单击 Import 按钮,如图 11-2 所示。

在弹出的 Import Unity Package 对话框中,单击 Import 按钮,如图 11-3 所示。

选择 Assets/Katana/Prefab/Mobile 目录下的 Katana＿LODA 预制件,拖放到 Hierarchy 视图中,放置到 Cube 代表的桌面上,在 Inspector 视图中单击 Box Collider 右侧

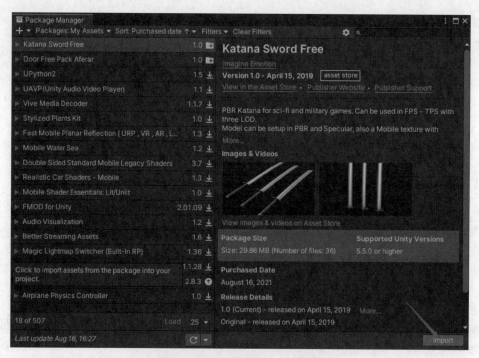

图 11-2　Package Manager 面板

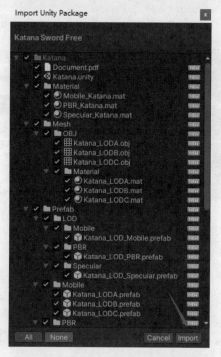

图 11-3　Import Unity Package 对话框

的 ▇，在弹出的上下文菜单中选择 Remove Component 选项，删除 Box Collider 组件，如图 11-4 所示。

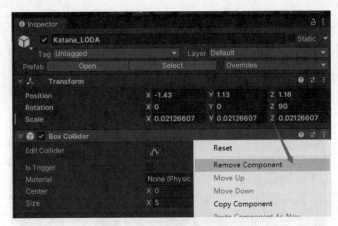

图 11-4　Box Collider 组件

在 Katana_LODA 预制件下添加 Cylinder 以及 Cube 对象，如图 11-5 所示。

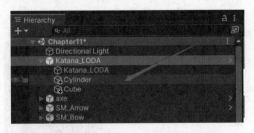

图 11-5　Cylinder 以及 Cube 对象

删除 Cylinder 对象的 Mesh Filter 和 Mesh Renderer 组件，如图 11-6 所示。

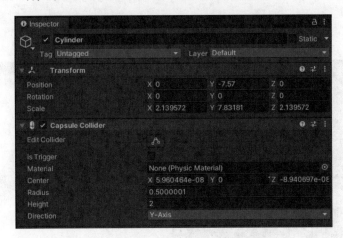

图 11-6　Cylinder 对象

删除 Cube 对象的 Mesh Filter 和 Mesh Renderer 组件，如图 11-7 所示。

单击 Cube 和 Cylinder 对象的　　　　按钮调整 Collider 的大小和位置，调整后的结果如图 11-8 所示，使得 Cylinder 对象包裹着刀柄，Cube 对象正好包裹着刀刃。

在 Hierarchy 视图的 Katana_LODA 对象下添加名为 CutPoint 的游戏对象，将其放置在刀刃处，如图 11-9 所示。

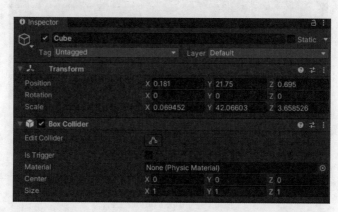

图 11-7　Cube 对象

图 11-8　调整后的结果

图 11-9　CutPoint 游戏对象

CutPoint 游戏对象在本例中的位置信息如图 11-10 所示。

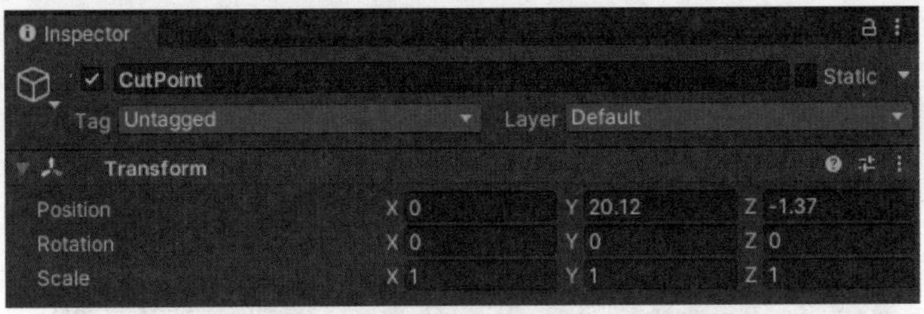

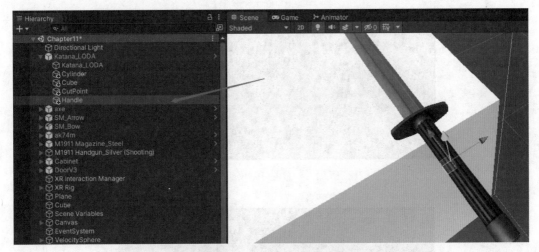

图 11-10 CutPoint 游戏对象的位置信息

在 Hierarchy 视图的 Katana_LODA 对象下添加名为 Handle 的游戏对象,Handle 的 Z 轴方向如图 11-11 所示。

图 11-11 Handle 的 Z 轴方向

Handle 游戏对象在本例中的位置和旋转信息如图 11-12 所示。

图 11-12 Handle 游戏对象的位置和旋转信息

设定 Katana_LODA 对象的 Layer 为 Grab,如图 11-13 所示。

给 Katana_LODA 对象添加 Rigidbody 组件,设定 Collision Detection 为 Continuous,如图 11-14 所示。

给 Katana_LODA 对象添加 XR Grab Interactable 组件,将前文所建立的 Cylinder 和 Cube 添加到 Colliders 列表中,设定 Attach Transform 为 Handle,如图 11-15 所示。

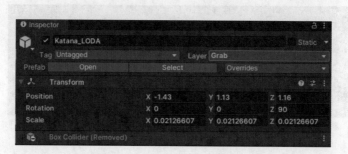

图 11-13　Katana_LODA 对象的 Layer

图 11-14　Rigidbody 组件

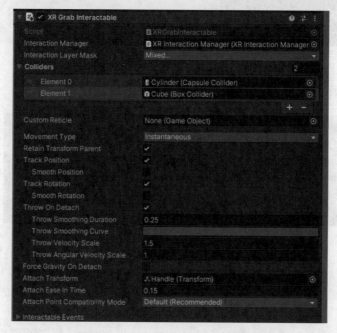

图 11-15　XR Grab Interactable 组件

视频讲解

11.2　逻辑实现

本书选用DustinWhirle在2017年所写的MeshCut以及Mesh_Maker脚本作为多边形切割核心功能的实现,将MeshCut.cs以及Mesh_Maker.cs下载并放置到Project视图的Assets目录的Script文件夹下,在Unity编辑器的菜单栏中选择Edit→Project Settings选项,在Visual Scripting选项卡中给Type Options添加Mesh Cut和Mesh_Maker类型,单击Regenerate Units按钮,重新生成可视化脚本节点数据库,如图11-16所示。

图11-16　添加Mesh Cut和Mesh_Maker类型

给Katana_LODA对象添加宏名为Sword的可视化脚本组件,如图11-17所示。

图11-17　可视化脚本组件

为可视化脚本组件添加对象级变量列表,如图11-18所示。

图11-18　对象级变量列表

宏名为Sword的可视化脚本内容如图11-19所示。

在场景中建立Tag为CUT的名为Cube(3)的立方体作为砍切目标,如图11-20所示。

在Scene视图中调整Cube(3)立方体的位置,调整后的结果如图11-21所示。

为名为Cube(3)的游戏对象添加Rigidbody组件,如图11-22所示。

将应用部署到VR设备,在用控制器把握刀柄后,就可以对Cube(3)实施砍切动作,Cube(3)在被砍切后,会沿着被砍切的方向分裂成几块并最终全部消失。

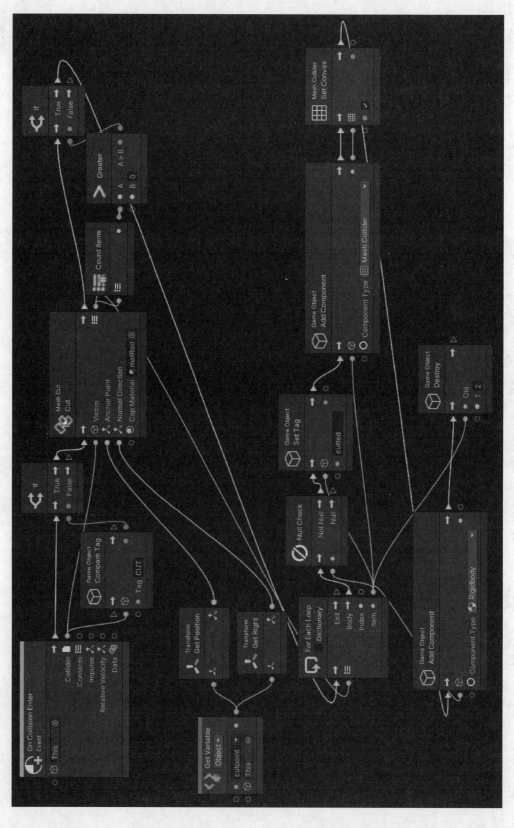

图 11-19 宏名为 Sword 的可视化脚本内容

图 11-20 名为 Cube(3)的立方体

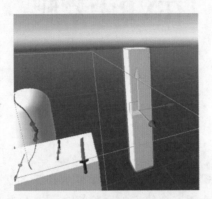

图 11-21 调整后的结果

图 11-22 Rigidbody 组件

第 12 章

在VR中攀爬

能够在 VR 游戏中进行攀爬是用户享受徒手攀岩快乐的又一方式，VR 技术将徒手攀岩这项高风险的极限运动变为了安全的虚拟冒险活动。本章讨论在 VR 中实现攀爬功能。在 Unity 编辑器的菜单栏中选择 Assets→Import Package→Custom Package 选项，在 Import package 对话框中选择 wall. unitypackage，如图 12-1 所示，单击"打开"按钮导入。

图 12-1　wall. unitypackage

视频讲解

12.1　资源准备

在弹出的 Import Unity Package 对话框中，单击 Import 按钮，如图 12-2 所示。

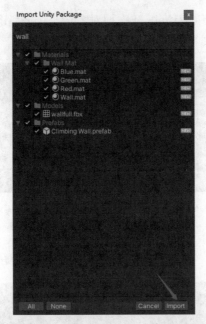

图 12-2　Import Unity Package 对话框

在 Assets 下的 Prefabs 文件夹中选择 Climbing Wall 预制件，将其拖放到 Hierarchy 视图中，它在 Inspector 视图中的 Transform 属性如图 12-3 所示。

图 12-3　Transform 属性

在 Scene 视图中调整 Climbing Wall 游戏对象的位置，调整后的结果如图 12-4 所示。
在 Hierarchy 视图中展开 Climbing Wall 游戏对象，选择其下一层所有子对象，如图 12-5 所示。

图 12-4　调整后的结果

图 12-5　展开 Climbing Wall 游戏对象

在 Inspector 视图中将所有以 Konb 开头的对象的 Layer 都设定为 DirectGrab，如图 12-6 所示。这些以 Knob 开头的对象是用来作为攀爬的抓取点的。

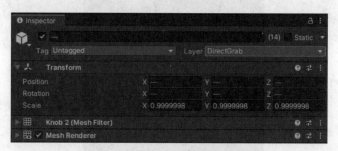

图 12-6　所有对象的 Layer 都设定为 DirectGrab

为所有选择的对象添加 Rigidbody 组件，关闭 Use Gravity 选项，开启 Is Kinematic 选项，如图 12-7 所示。

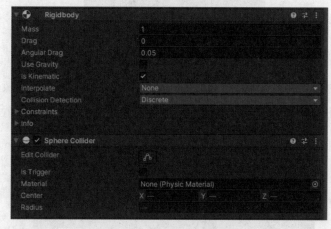

图 12-7　Rigidbody 组件

视频讲解

12.2　逻辑实现

基于 XRBaseInteractable 类利用 C♯编写 ClimbInteractable.cs 脚本，代码如下：

```
using System.Collections;
using System.Collections.Generic;
using UnityEngine;
using UnityEngine.XR.Interaction.Toolkit;
public class ClimbInteractable : XRBaseInteractable
{
    protected override void OnSelectExited(SelectExitEventArgs args)
    {
    base.OnSelectExited(args);
    if (args.interactor is XRDirectInteractor)
    {
    if (Climber.climbingHand && Climber.climbingHand.name
```

```
                                                          == args.interactor.name)
        {
    Climber.climbingHand = null;
        }
        }
        }
    protected override void OnSelectEntered(SelectEnterEventArgs args)
    {
        base.OnSelectEntered(args);
        if (args.interactor is XRDirectInteractor)
        {
            Climber.climbingHand =
                        args.interactor.GetComponent < XRController >();
        }
    }
}
```

将 ClimbInteractable.cs 脚本组件拖放到所有选择的游戏对象上,如图 12-8 所示。

图 12-8　ClimbInteractable.cs 脚本组件

利用 C♯ 编写 Climber.cs 脚本,代码如下:

```
using System.Collections;
using System.Collections.Generic;
using UnityEngine;
using UnityEngine.XR.Interaction.Toolkit;
using Unity.VisualScripting;
public class Climber : MonoBehaviour
{
    public static XRController climbingHand;
    public FlowMachine flowMachine;

    void Start()
    {
        var graphReference = GraphReference.New(flowMachine, true);
        Variables.Graph(graphReference);
        Variables.Object(this).Set("continousMovement", false);
    }

    void Update()
    {
        if (climbingHand)
        {
            Variables.Object(this).Set("continousMovement", false);
            Variables.Object(this).Set("climbingHand", climbingHand);
        }
```

```
        else
        {
            Variables.Object(this).Set("continousMovement", true);
            Variables.Object(this).Set("climbingHand", climbingHand);
        }
    }
}
```

将 ClimbInteractable.cs 脚本组件拖放到 Hierarchy 视图中的 XR Rig 游戏对象的 Inspector 视图上，ClimbInteractable.cs 脚本实现了 Unity 与可视化脚本之间 continousMovement 以及 climbingHand 变量的传递，如图 12-9 所示。

图 12-9　ClimbInteractable.cs 脚本

为 XR Rig 游戏对象建立宏名为 Climb 的可视化脚本组件，如图 12-10 所示。

图 12-10　宏名为 Climb 的可视化脚本组件

为宏名为 Climb 的可视化脚本组件在 XR Rig 游戏对象上创建两个新的对象级变量，一个是布尔型变量 continousMovement，另一个是 XR Controller 型的 climbingHand，如图 12-11 所示。

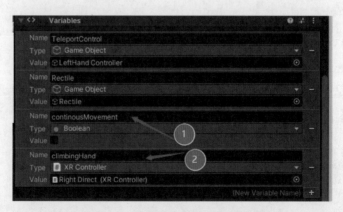

图 12-11　创建两个新的对象级变量

宏名为 Climb 的可视化脚本内容如图 12-12 所示。该脚本用于判定当前控制器是否把握着攀爬的抓取点，如果是则 Character Controller Driver 以及 Continuous Move Provider（Device-based）组件不激活，如果不是则反之。当前控制器把握着攀爬的抓取点时，根据控制器的速度向控制器运动的相反方向移动 Character Controller，从而达到攀爬的效果。

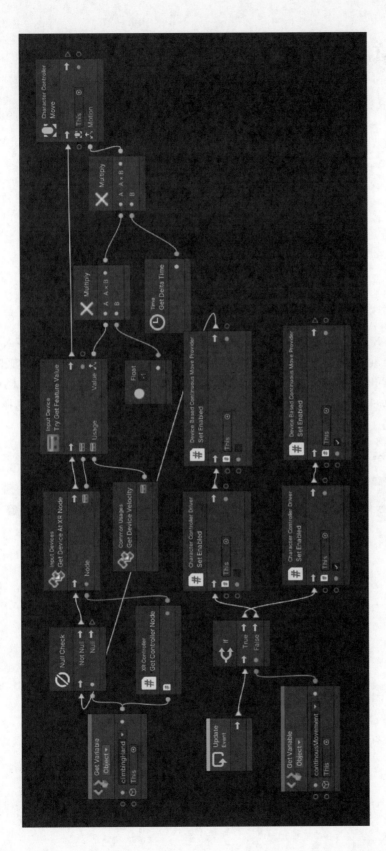

图 12-12 宏名为 Climb 的可视化脚本内容

第 13 章

在VR中增加身体形象

本章讨论在 VR 中给 VR 使用者提供一个虚拟的躯体,这在 VR 会议以及多人 VR 交互场景中显得十分重要,尤其是在 VR 元宇宙的应用中需要实时地反映出玩家的虚拟形象,需要至少能够体现出玩家的头部以及手的运动情况。在 Unity 编辑器的菜单栏中选择 Assets→Import Package→Custom Package 选项,在 Import package 对话框中选择 Body. unitypackage,如图 13-1 所示,单击"打开"按钮导入。

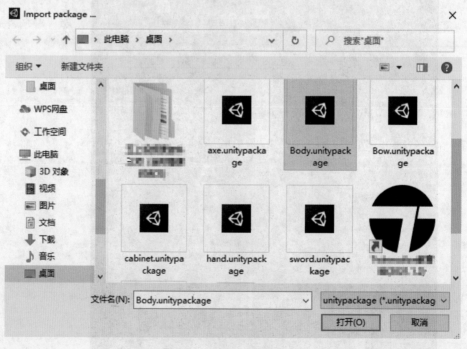

图 13-1　Body. unitypackage

13.1 资源准备

在 Project 视图中按住 Shift 键多重选择以 body@ 开头的资源,如图 13-2 所示。

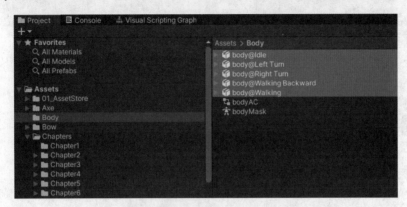

图 13-2 多重选择以 body@ 开头的资源

在 Inspector 视图的 Rig 选项卡中设定 Animation Type 为 Humanoid,单击 Apply 按钮,如图 13-3 所示。

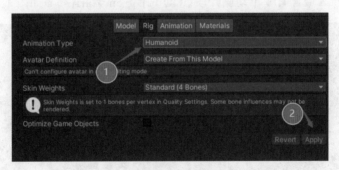

图 13-3 Rig 选项卡

将 Project 视图中的 body@idle 拖放到 Hierarchy 视图中,并在 Inspector 视图中设定其 Position 为< 0,0,0 >,Rotation 的 X、Y、Z 均为 0,如图 13-4 所示。

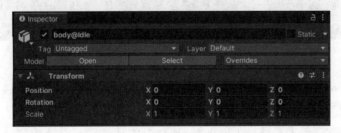

图 13-4 Inspector 视图

在 Project 视图中以 body@ 开头的资源均为从 www.mixamo.com 上生成的动作动画,利用 bodyAC 动画控制器将这些动画串起来,bodyAC 动画控制器含有浮点型的 Blend、

DirectionX 以及 DirectionY 参数、布尔型的 isMoving 参数,如图 13-5 所示。

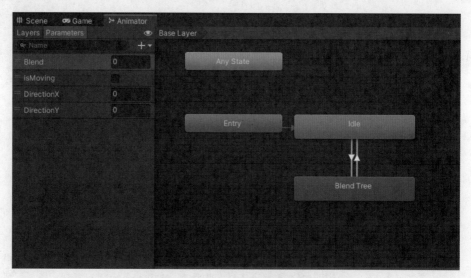

图 13-5　bodyAC 动画控制器

在 Blend Tree 中,由 DirectionX 以及 DirectionY 参数构成的 Blend Type 为 2D Simple Directional,Motion 域含有 4 个动画片段。2D Freefrom Cartesian 如图 13-6 所示。

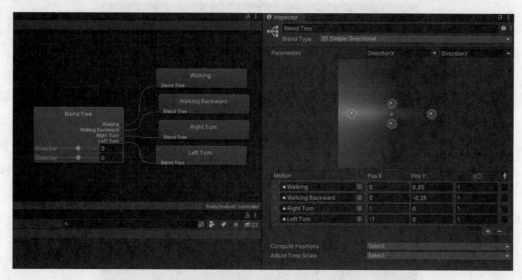

图 13-6　2D Freefrom Cartesian

在 bodyAC 动画控制器的 Base Layer 中设定 Mask 为 bodyMask,且开启 IK Pass 选项,如图 13-7 所示。

该 bodyMask 屏蔽了腰部以上的动画,让左右手控制器以及 VR 头显通过反向动力学控制上半身的动画,如图 13-8 所示。

将 Project 视图中的 bodyAC 动画控制器拖放到 Inspector 视图中 Animator 组件的 Controller 字段中,如图 13-9 所示。

图 13-7　bodyAC 动画控制器的 Base Layer

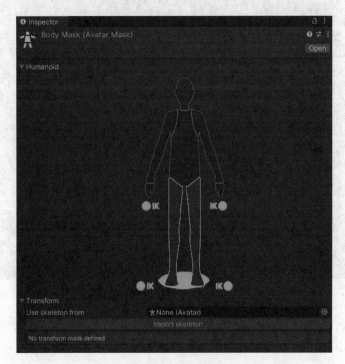

图 13-8　bodyMask

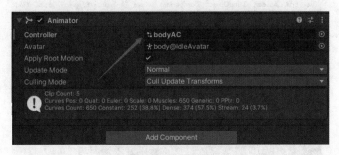

图 13-9　Animator 组件

13.2　Rigging

在 Unity 编辑器 Package Manager 中的 Packages：Unity Registry 选项列表中选中 Animation Rigging（动画绑定）项目，并单击 Install 按钮，导入该包，如图 13-10 所示。动画绑定可以为运行时的骨架动画制作程序化的动作，可以顺畅地混合关键帧动画和程序动画。

图 13-10　选中 Animation Rigging 项目

在 Unity 编辑器的菜单栏中会多出名为 Animation Rigging 的项目，在 Hierarchy 视图中选择 body@idle，在 Unity 编辑器的菜单栏中选择 Animation Rigging→Rig Setup 选项，如图 13-11 所示。

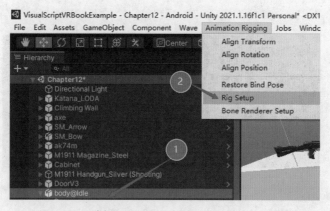

图 13-11　选择 Animation Rigging→Rig Setup 选项

　　该操作会在 Hierarchy 视图中的 body@idle 下建立名为 Rig1 的对象，接着在 Rig1 下建立 RightArmIK 以及 LeftArmIK 空游戏对象，在 RightArmIK 游戏对象下建立名为 RightTarget 以及 RightHint 的空游戏对象，在 LeftArmIK 游戏对象下建立名为 LeftTarget 以及 LeftHint 的空游戏对象，在 Rig1 游戏对象下建立 headConstraint 空游戏对象，如图 13-12 所示。

　　在 Hierarchy 视图中选择 body@idle 游戏对象，将 mixamorig：Hips 下的所有子对象全部展开，如图 13-13 所示。

图 13-12　Hierarchy 视图

图 13-13　将 mixamorig：Hips 下的所有子对象全部展开

　　选择 mixamorig：Hips 下的所有子对象，如图 13-14 所示。

　　为 body@idle 游戏对象添加 Bone Renderer 组件，将在 Hierarchy 视图中所有选择的项目拖放到 Bone Renderer 组件的 Transforms 列表中，如图 13-15 所示。

　　在 Hierarchy 视图中首先选择 RightTarget，再选择 mixamorig：RightHand，如图 13-16 所示，这里需要特别注意选择的先后顺序。

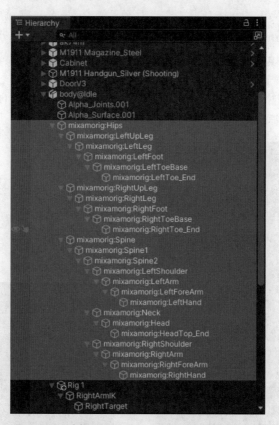

图 13-14   选择 mixamorig：Hips 下的所有子对象

在 Unity 编辑器的菜单栏中选择 Animation Rigging→Align Position 选项，如图 13-17 所示，将 RightTarget 与 mixamorig：RightHand 对齐。

在 Hierarchy 视图中首先选择 LeftTarget，再选择 mixamorig：LeftHand，如图 13-18 所示。在 Unity 编辑器的菜单栏中选择 Animation Rigging→Align Position 选项，将 LeftTarget 与 mixamorig：LeftHand 对齐。

在 Hierarchy 视图中首先选择 RightHint，再选择 mixamorig：RightForeArm，如图 13-19 所示。在 Unity 编辑器的菜单栏中选择 Animation Rigging→Align Position 选项，将 RightHint 与 mixamorig：RightForeArm 对齐。

在 Scene 视图中，将 RightHint 沿着 Z 轴的反方向稍稍移动，如图 13-20 所示。

在 Hierarchy 视图中首先选择 LeftHint，再选择 mixamorig：LeftForeArm，如图 13-21 所示。在 Unity 编辑器的菜单栏中选择 Animation Rigging→Align Position 选项，将 LeftHint 与 mixamorig：LeftForeArm 对齐。在 Scene 视图中，将 LeftHint 沿着 Z 轴的反方向稍稍移动。

在 Hierarchy 视图中首先选择 headConstraint，再选择 mixamorig：Head，如图 13-22 所示。在 Unity 编辑器的菜单栏中选择 Animation Rigging→Align Position 选项，将 headConstraint 与 mixamorig：Head 对齐。

在 Scene 视图中，headConstraint 所处的位置如图 13-23 所示。

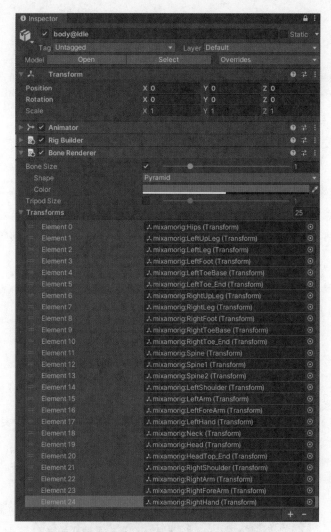

图 13-15 Bone Renderer 组件

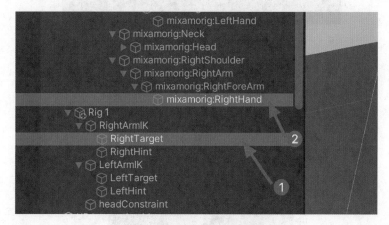

图 13-16 Hierarchy 视图

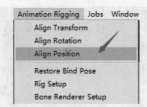

图 13-17　Align Position

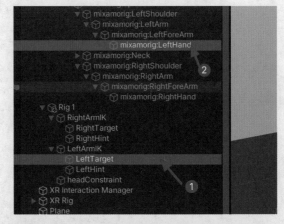

图 13-18　选择 LeftTarget 和 mixamorig：LeftHand

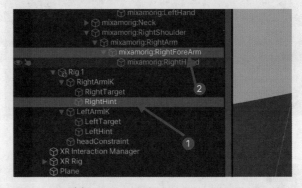

图 13-19　选择 RightHint 和 mixamorig：RightForeArm

图 13-20　将 RightHint 沿着 Z 轴的反方向稍稍移动

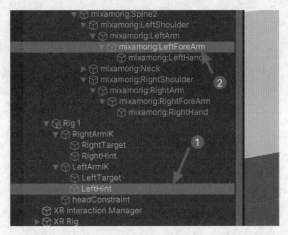

图 13-21 选择 LeftHint 和 mixamorig：LeftForeArm

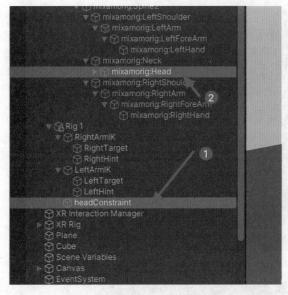

图 13-22 选择 headConstraint 和 mixamorig：Head

图 13-23 headConstraint 所处的位置

为 RightArmIK 游戏对象添加 Two Bone IK Constraint 组件，设定 Root 为 mixamorig：RightArm，Mid 为 mixamorig：RightForeArm，Tip 为 mixamorig：RightHand，Source Objects 下的 Target 为 RightTarget，Hint 为 RightHint，如图 13-24 所示。

为 LeftArmIK 游戏对象添加 Two Bone IK Constraint 组件，设定 Root 为 mixamorig：LeftArm，Mid 为 mixamorig：LeftForeArm，Tip 为 mixamorig：LeftHand，Source Objects 下的 Target 为 LeftTarget，Hint 为 LeftHint，如图 13-25 所示。

为 headConstraint 游戏对象添加 Multi-Parent Constraint 组件，设定 Constrained Object 为 mixamorig：Head，在 Source Objects 列表中添加 headConstraint，如图 13-26 所示。

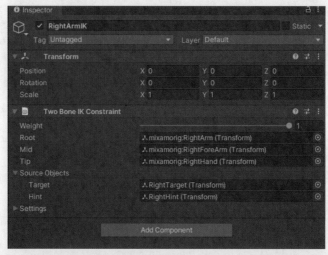

图 13-24　RightArmIK 游戏对象的 Two Bone IK Constraint 组件

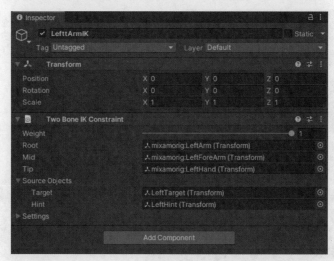

图 13-25　LeftArmIK 游戏对象的 Two Bone IK Constraint 组件

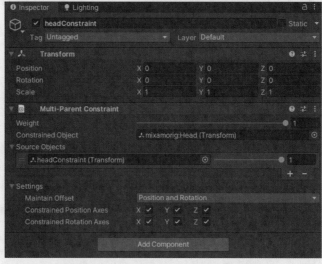

图 13-26　Multi-Parent Constraint 组件

13.3 逻辑实现

在 Hierarchy 视图中选择 body@idle 游戏对象,如图 13-27 所示。

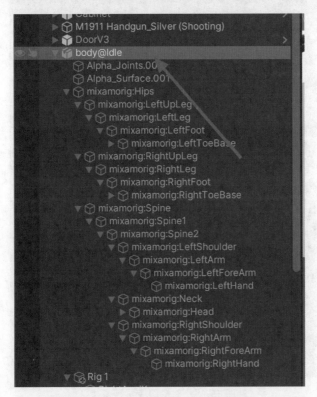

图 13-27 选择 body@idle 游戏对象

为 body@idle 游戏对象添加宏名为 VRRig 的可视化脚本组件,如图 13-28 所示。

图 13-28 宏名为 VRRig 的可视化脚本组件

为宏名为 VRRig 的可视化脚本组件添加对象级变量列表,如图 13-29 和图 13-30 所示。

宏名为 VRRig 的可视化脚本初始化部分的内容如图 13-31 所示。

在宏名为 VRRig 的可视化脚本中,根据头显的位置做出虚拟身体姿态调整的内容,如图 13-32 所示。

在宏名为 VRRig 的可视化脚本中,根据头显和右手控制器的位置调整 rigRightHand 以及 headConstraint 位置的内容,如图 13-33 所示。

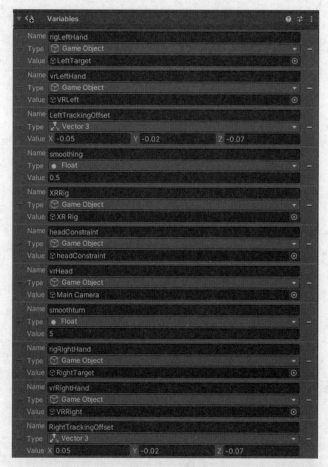

图 13-29　对象级变量列表 1

图 13-30　对象级变量列表 2

在宏名为 VRRig 的可视化脚本中，根据左手控制器的位置调整 rigLeftHand 位置的内容，如图 13-34 所示。

在宏名为 VRRig 的可视化脚本中，根据头显朝向改变身体形象的朝向的内容，如图 13-35 所示。

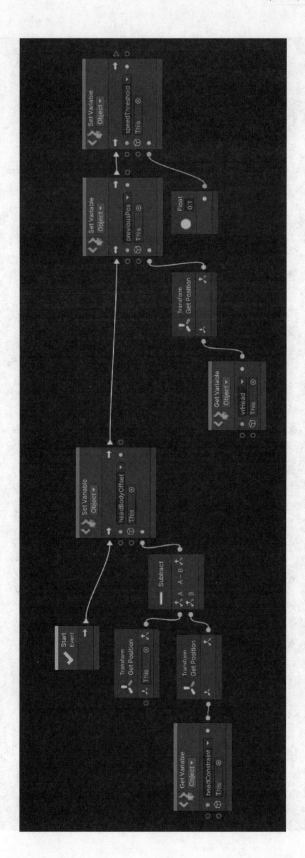

图 13-31 初始化部分的内容

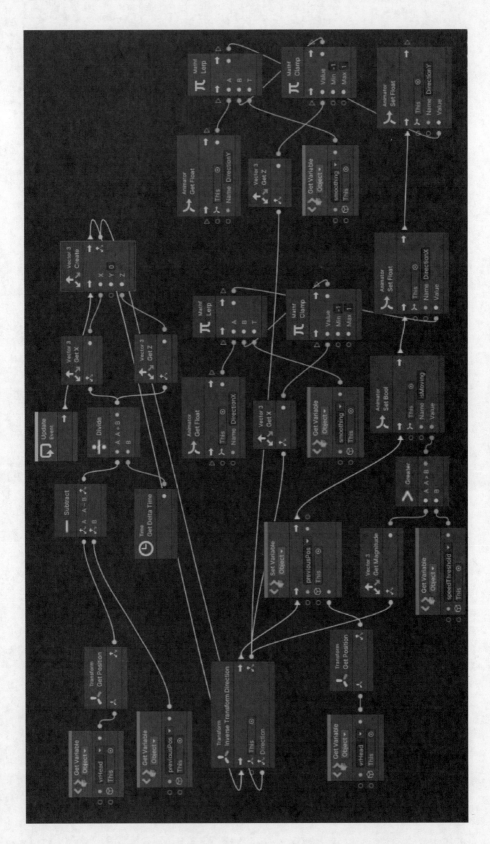

图 13-32　根据头显的位置做出虚拟身体姿态调整的内容

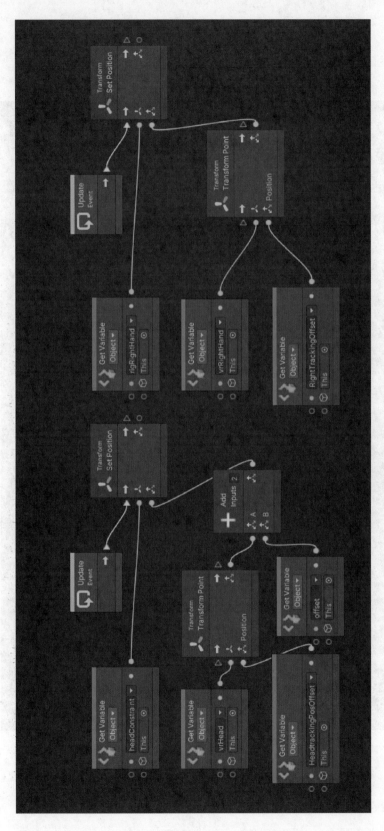

图 13-33 根据头显和右手控制器的位置调整 **rigRightHand** 以及 **headConstraint** 位置的内容

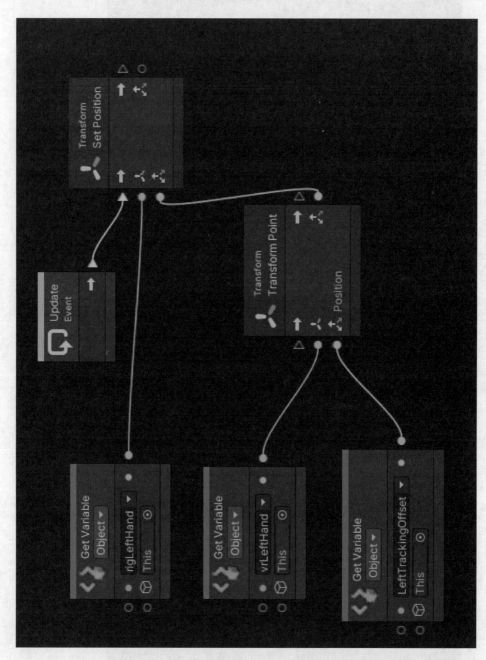

图 13-34 根据左手控制器的位置调整 rigLeftHand 位置的内容

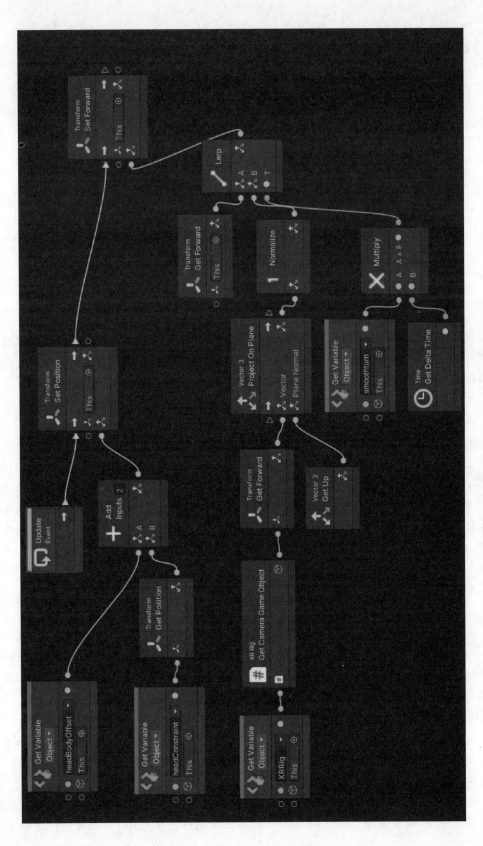

图 13-35　根据头显朝向改变身体形象的朝向的内容

第 14 章

VR应用程序的优化技巧

面向移动设备的 VR 应用受到移动处理器图形运算能力的限制,所以要对 VR 应用程序进行 CPU 和 GPU 上的性能优化。在试图提高 VR 应用程序的性能之前,必须确定瓶颈在哪里。使用性能探查器来获取 CPU/GPU 的性能指标,并确定 VR 应用的瓶颈。一旦发现它是由 CPU 绑定或 GPU 绑定引起的,就可以相应地计划一个更好的优化策略,确保在使用 adb 在目标硬件(如 Focus Plus)上运行时对应用程序进行分析。

良好的性能始终是确保用户拥有舒适的 VR 体验的一个关键因素。虚拟现实应用程序的目标帧率是 75 FPS,意味着每一帧必须在 $1/75=13.3$ms 内完成渲染。

与基于 PC 的 VR 相比,移动 VR 的要求相当高,因为独立的头显没有台式计算机和笔记本电脑那么强大。考虑到移动 VR 平台的计算限制,在开发时优化应用程序以确保最佳性能是非常重要的,因为在开发完成后试图改善应用程序的整体性能还是相当具有挑战性的。当然,在发现任何性能问题之前,不要过早地尝试优化。

14.1 CPU 优化

(1) 基于 CPU 优化首先应该减少 DrawCall 调用。一般来说,尽量将应用程序的每一帧限制在 50 000~100 000 个三角形或顶点以及 50~100 次绘图调用,减少应该被渲染的对象的数量(渲染器和材质)。通过减小应用程序的远剪裁面来减少相机的绘制距离,或者禁用超过特定距离的物体。使用雾化效果来隐藏远处物体不可见的事实。

(2) 可以使用动态批处理技术对于同一材质的小网格物体(通常顶点数目小于 900)进行处理,Unity 会将它们分组并在一次调用中完成绘制。可以使用静态批处理技术,将不移动、旋转、缩放的游戏对象设置为"静态(static)"。然后,Unity 会将它们组合成一个大的网格并省去绘制调用步骤,但这可能会消耗更高的内存。

(3) 可以将场景中使用的纹理合并成一个单一的纹理,共享相同纹理的游戏对象就能进行批处理。注意,如果使用 Unity NGUI,可能需要重新排序 UI 层以防止使用一个以上的 UIPanel。

（4）物理计算需要大量的 CPU 资源。在大多数情况下，不是所有的层都需要考虑与其他层的物理交互。可以检查碰撞矩阵，并通过确定什么应该与什么碰撞来禁用不需要的相互作用。Raycast 是一个极耗资源的操作，其性能取决于射线的长度和场景中碰撞器的类型。建议使用"层掩膜"过滤掉不需要的目标层，只保留特定的目标层。

14.2　GPU 优化

（1）建议使用移动简化着色器而不是标准着色器。在 Unity 中，在 Mobile 类别下找到简化着色器。这些着色器是专门为移动平台设计的，可以达到显著的性能提升。然而，请注意有些着色器只支持一个方向的光，有些不支持 alphaTest 或 ColorMask。

（2）由于实时照明和反射探针很耗资源，所以应避免使用它们。在很多情况下，使用烘焙的光照图＋GI 可以提供类似甚至更好的结果，而且由于不再需要运行时计算，所以 GPU 的计算量也会大大减少。对阴影要小心，在品质设定（Quality Settings）中调整选项来微调性能和质量，特别是阴影距离。

（3）推荐使用 Fixed Foveated Rendering（FFR）来节省 GPU 负载。FFR 是一个性能改进功能，它在外围区域以较低的分辨率进行渲染，而在中心部分保持相同的像素密度。由于人眼的解剖结构，对显示质量的影响并不明显。Wave SDK 提供了一个 API 来设置不同级别的 FFR，可以根据实际情况来调整效果强度。尝试使用 Adaptive Quality（自适应质量，AQ）功能。当 AQ 功能被启用时，它将根据 CPU/GPU 的利用率动态调整渲染质量。它还可以与动态分辨率功能相结合，根据系统变化调整应用程序的图像质量，并与固定凹陷渲染相结合，在提高性能时动态改变外围区域的质量，以实现更低的电池消耗和更高的帧率。

（4）缩小粒子系统，用更少的顶点和更简单的纹理组成网格。要避免"过度绘制"，当一个像素被多次绘制时就是过度绘制，过度绘制经常出现的领域是粒子效果：如果有很多来自粒子效果纹理的 alpha 像素，它就需要大量的 GPU 负载来处理碰撞和过度绘制。可以试着通过减少 alpha 像素的数量来避免这种情况。

14.3　使用 Wave SDK 避坑指南

（1）避免在场景中使用多余的主摄像机。一些为跨平台开发的 VR 项目可能包含一个 Unity 默认的主摄像机，但由于 WaveVR 预制件已经内置了一个，多余的主摄像机将引入额外的 GPU 计算，即使结果在显示器上看不到，也应该删除或禁用它，只使用 WaveVR 预制件。

（2）在可能的情况下使用单通道模式。在 VR 设备上，显示器是为双眼渲染的，以创建一个立体的显示器。单通道模式可以带来更好的性能。在某些情况下，使用单通道模式可能会导致显示问题（例如：使用不支持单通道模式的着色器）。如果是这样，就不要在选择多通道模式时勾选"支持虚拟现实"，应该直接取消勾选"支持虚拟现实"。

（3）始终使用纹理压缩来减少加载时间，并减少总的构造出的 APK 的大小。将图像解码的纹理压缩设置为 ASTC。通过使用硬件解码，可以得到比在 Android 上使用 ETC2 的 Unity 默认设置更好的性能。在使用 Unity UGUI 时，当改变 UGUI 画布下的任何 UI 元素时，Unity 会重新生成 UI 网格。因此，尽量将 UI 分成几个画布，以消除网格的重新生成，同时不建议使用 Layout 系统，而是使用 UIAnchor。

14.4 编码建议

（1）在 Unity 中，如果某些组件的属性被频繁使用，通常值得缓存它们，而不是在每次需要的时候都去查询它们。例如，gameObject. transform、gameObject. renderer、Input. touch、Camera. main、Screen. width 等，都是通过 GetComponent()和 FindWithTag()实现的，通常这些函数调用的速度不是很快。

（2）要避免大型 GC 和泄露，不建议在一个循环程序中写"newWaitForSeconds()"，每次这样做都要损耗 20B 的 GC。可以简单地将"new WaitForSeconds()"移到循环程序之外，这样就不会有这个损耗。

（3）要避免频繁地创建和销毁对象。一般来说，利用对象池的概念，在创建一次对象后重新使用它们，是一个好主意。使用 RaycastNonAlloc 来代替 RayCastAll，因为前者不会分配额外的实例，而占用内存。

（4）把游戏逻辑放到另一个线程中。Unity 是以主线程运行的，其 API 不是线程安全的，但仍然可以尝试创建另一个线程，并将游戏逻辑中与 Unity 无关的部分移入其中。

（5）当加载一个重型场景时，先加载一个空的或简单的场景，这可以防止两个重型的场景同时存在于内存中。

（6）SetActive()是一个成本极高的方法，因为它需要时间来处理所有的子对象。当你不需要目标对象的时候，尽量避免使用它（把它们移到用户看不到的地方）。避免使用 SetActive(false)来停止一个粒子效果。应调用 ParticleSystem. Stop()来代替（或者在 Unity 的早期版本中把 emit 设置为 0）。如果一个典型的粒子系统有很多子对象，SetActive()就需要很多时间来处理。

（7）在同一时间播放几个声音效果是很常见的，应在适当的时候提前预加载它们。避免使用'foreach'，尽量使用'for'，因为它的性能更好。避免在每一帧中对字符串进行操作。而当使用字典时，使用本地类型（例如：int、float）作为键，不要使用字符串或其他复杂类型。使用 Equal()进行比较的类型需要额外的时间。

（8）如果不重写 Monobehavior 的所有空事件函数，应删除它们，如 Start()、Update()等。如果可能的话，使用数组而不是 List 或 Dictionary。如果不希望有其他的类从它派生出来，就把一个类封装起来。

14.5 其他提示

（1）游戏对象的投射和接收阴影是默认启用的，如果可能的话，应考虑关闭它。Skinned Mesh Renderer 在移动平台上的性能很差，如果可能的话，建议不要使用它。使用动画剪裁选项，当模型不在你的视线范围内时，动画建议暂停或停止，以节省计算量。

（2）建议使用 DOTween 作为动画引擎，因为它比其他 Tween 引擎或传统的动画更节省资源和性能。建议使用 UnityEngine.JsonUtility 处理 JSON 文件，它提供了比其他 Json库更好的性能。应使用 AssetBundle 相关函数来载入资源，而不是使用 Resource.Load 来载入资源。

第二部分

实 战 篇

第 ⟨15⟩ 章

"保卫阿尔法号" 游戏

"保卫阿尔法号"是由本书作者开发的在 HTC VivePort 上发售的一款面向移动平台的 VR 游戏,如图 15-1 所示。其背景设定为星际联盟的运输船 Alpha 由于故障困在本空域,而在船上拥有重要的补给品,黑暗力量正摧毁这艘船,玩家的任务是操纵战斗机与黑暗力量作战。这款游戏的开发环境是 Unity 2019.4,该版本的可视化脚本功能是作为 Bolt 组件包的形式提供的,并未像 Unity 2020 以后的版本将可视化脚本功能内嵌在 Unity 编辑器中直接提供给开发者使用。

图 15-1　保卫阿尔法号

15.1　所使用的资源

本游戏开发过程中使用了位于 Unity 资产商店中的 Amplify Shader Editor、Asteroids Pack、Polygon Arsenal、Realistic Explosions Pack、Skybox Series Free 以及 Bolt 组件包,如图 15-2 所示。

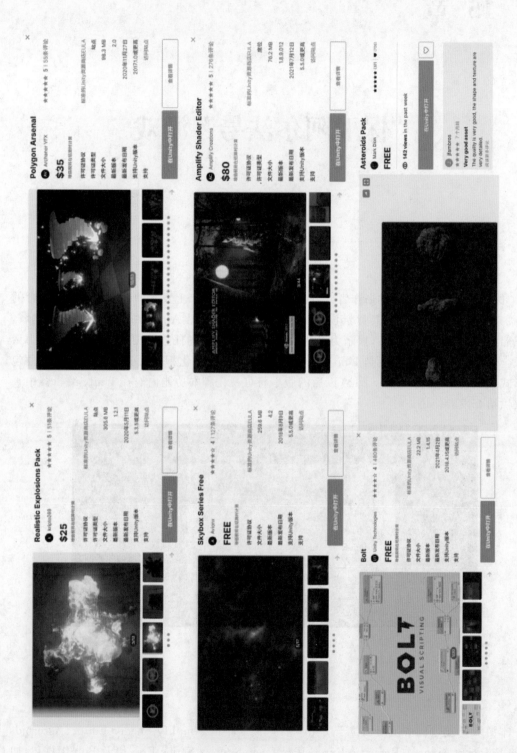

图 15-2　使用的组件包

在 Unity 编辑器的 Package Manager 面板中找到图 15-2 中的所有包,单击 Import 按钮进行导入。再在 Package Manager 面板中找到图 15-2 中倒数第二个 Bolt 包,如图 15-3 所示,单击 Download 按钮,然后再单击出现的 Import 按钮,导入 Bolt 包。

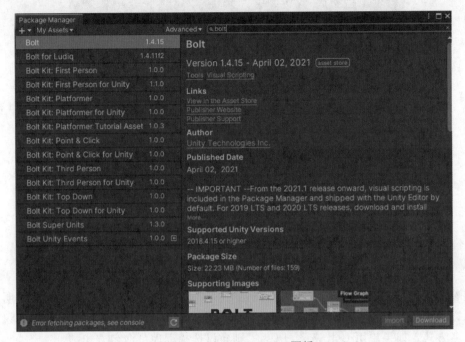

图 15-3　Package Manager 面板

在弹出的 Import Unity Package 对话框中,单击 Import 按钮,如图 15-4 所示。

图 15-4　Import Unity Package 对话框

Unity 将会弹出 Bolt 插件初始化设定对话框，如图 15-5 所示，单击 Next 按钮。

图 15-5　Bolt 插件初始化设定对话框

接着会显示 Bolt 插件命名方案对话框，如图 15-6 所示。可以依照屏幕上的说明按照喜欢的方式来配置 Bolt 的命名方案。如果用户不是经验丰富的程序员，本书强烈建议选择人类命名方式。如果想用 Bolt 来学习 C♯，则建议选择程序员命名方式。

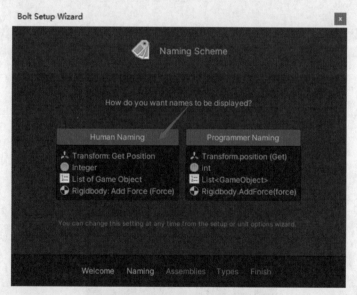

图 15-6　Bolt 插件命名方案对话框

接着会显示 Bolt 插件 Assembly Options 对话框，该对话框的功能等同于 2.4 节的 Node Library 部分，单击 Next 按钮，如图 15-7 所示。可在以后仿照 2.4 节添加对应的 XR 库。

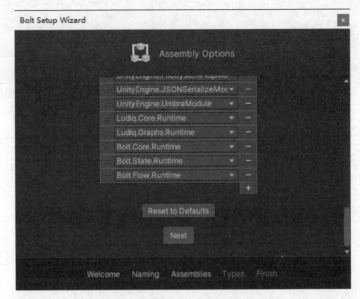

图 15-7　Assembly Options 对话框

接着会显示 Bolt 插件 Type Options 对话框,该对话框的功能等同于 2.4 节的 Type Options 部分,单击 Generate 按钮,如图 15-8 所示。可以仿照 2.4 节添加相应的 Type 类型。

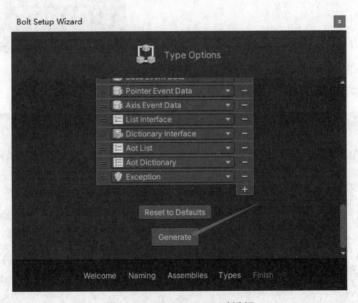

图 15-8　Type Options 对话框

本游戏基于《Unity 可视化手机游戏设计-微课视频版》(ISBN:9787302549475)一书第 14 章太空大战的内容改编而来,原先的内容是面向手机平台的竖版游戏,而在本书中进行一定程度的修改将其改编并适应 VR 应用的需求。

15.2　背景环境设定

由于本游戏为三维游戏，所以需要在 Lighting 属性面板中设定天空盒背景为 Nebula_Mariana_4K，以烘托出宇宙的背景气氛，如图 15-9 所示。

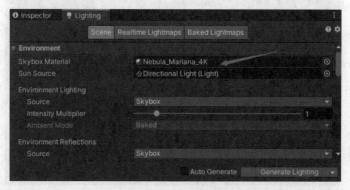

图 15-9　天空盒背景

本项目沿用了《Unity 可视化手机游戏设计》一书第 14 章太空大战的 14.3 节的星空系统，该星空系统在 Hierarchy 视图中名为 StarField，具体实现这里不再赘述，如图 15-10 所示。

本项目使用名为 Boundary 的边界系统来销毁超出边界的物体，如图 15-11 所示。

开启 Boundary 对象的 Box Collider 组件的 Is Trigger 选项，如图 15-12 所示。

图 15-10　星空系统

图 15-11　边界系统

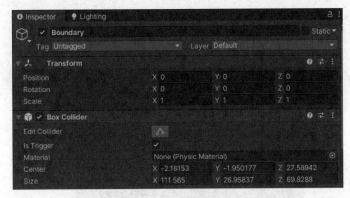

图 15-12 Box Collider 组件

Boundary 对象的可视化脚本组件(在老版本的 Unity 中被称为流机器,本书统一称为可视化脚本组件)的宏名为 Destory By Boundary,如图 15-13 所示。

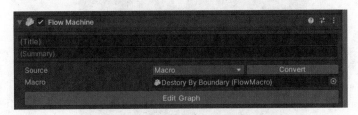

图 15-13 Boundary 对象的可视化脚本组件

宏名为 Destory By Boundary 的可视化脚本内容如图 15-14 所示。

在 Hierarchy 视图中的 Protected 对象是本游戏要保护的运输舰,如图 15-15 所示。

开启 Protected 对象的 Box Collider 组件的 Is Trigger 选项,如图 15-16 所示。

Protected 对象在 Scene 视图中显示为一艘停靠的蓝灰色的运输舰,如图 15-17 所示。

Protected 对象的宏名为 ProtectHealth 的可视化脚本组件,如图 15-18 所示。

宏名为 ProtectHealth 的可视化脚本组件的对象级变量如图 15-19 所示。

宏名为 ProtectHealth 的可视化脚本组件的 Update 事件部分如图 15-20 所示。该部分用于判定保护罩是否开启。

宏名为 ProtectHealth 的可视化脚本组件的 On Trigger Enter 事件部分如图 15-21 所示。

shield 游戏对象是 default 的复制件,在 Amplify Shader 文件夹中搜寻 ForceShield 材质,将其应用到 shield 游戏对象上,如图 15-22 所示。

将 Project 视图中的 Assets \ Polygon Arsenal \ Prefabs \ Interactive \ Portal 下的 PortalBlue 预制件拖放到 Hierarchy 视图中,如图 15-23 所示。

在 Scene 视图中的 PortalBlue 对象如图 15-24 所示。

为 PortalBlue 对象添加 Box Collider 组件,并开启 Is Trigger 选项,如图 15-25 所示。

PortalBlue 对象的宏名为 PortalStart 的可视化脚本组件如图 15-26 所示。

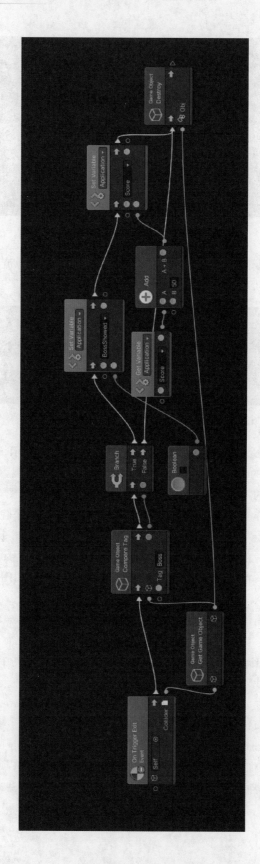

图 15-14　宏名为 Destory By Boundary 的可视化脚本内容

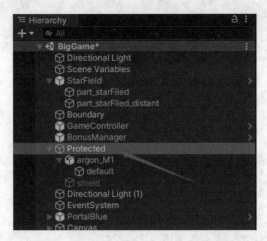

图 15-15 Protected 对象

图 15-16 Box Collider 组件

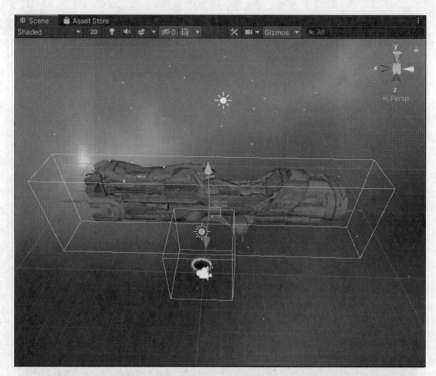

图 15-17　Protected 对象

图 15-18　宏名为 ProtectHealth 的可视化脚本组件

图 15-19　对象级变量

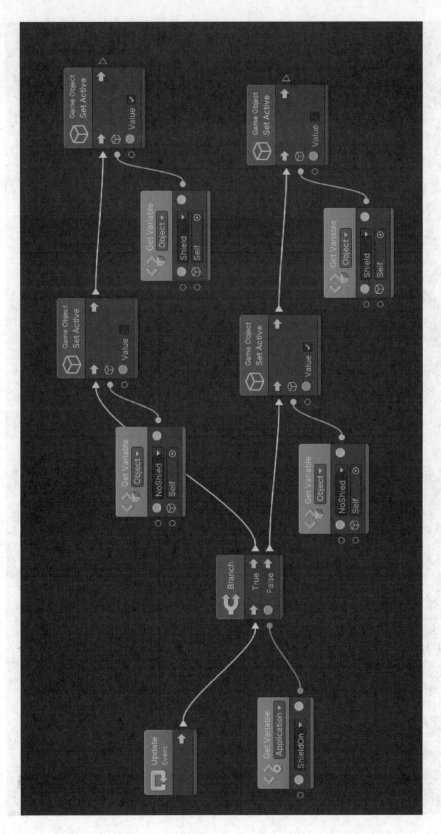

图 15-20 可视化脚本组件的 Update 事件部分

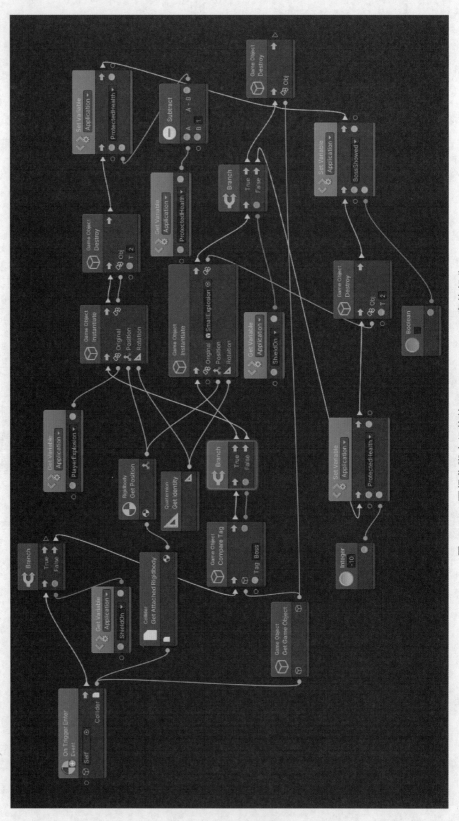

图 15-21 可视化脚本组件的 On Trigger Enter 事件部分

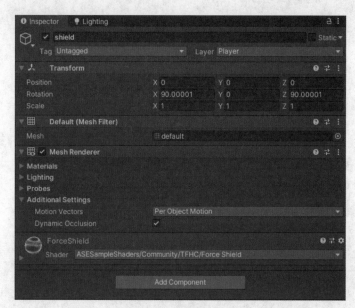

图 15-22 shield 游戏对象

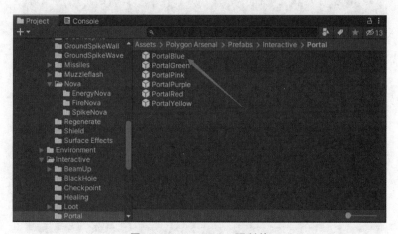

图 15-23 PortalBlue 预制件

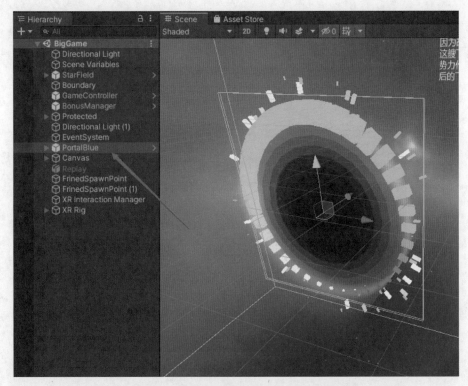

图 15-24　Scene 视图中的 PortalBlue 对象

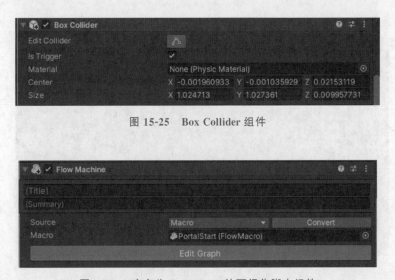

图 15-25　Box Collider 组件

图 15-26　宏名为 PortalStart 的可视化脚本组件

　　宏名为 PortalStart 的可视化脚本组件的 On Trigger Enter 事件部分如图 15-27 所示。该部分用于启动游戏以及进行变量初始化。

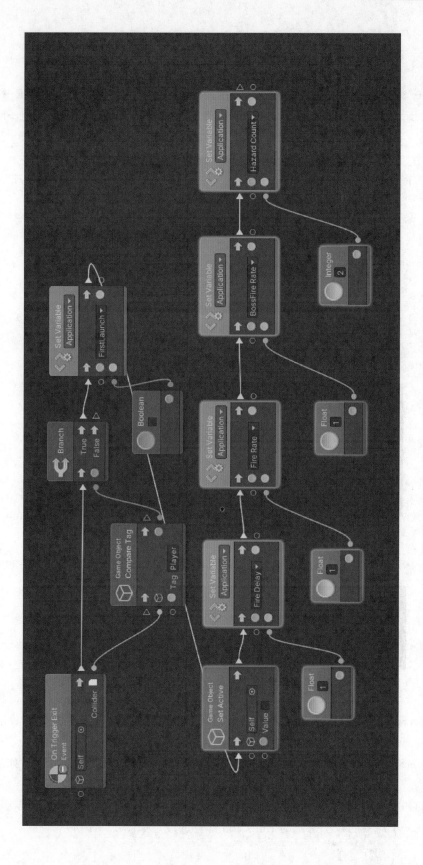

图 15-27 可视化脚本组件的 On Trigger Enter 事件部分

15.3 玩家设定

在 Unity 编辑器的 Hierarchy 视图中右击，在弹出的上下文菜单中选择 XR→Device-based→XR Rig 选项，建立一个基本的 VR Rig 游戏对象，将玩家飞船模型 PlayerShip 作为 RightHand Controller 的子对象，如图 15-28 所示。

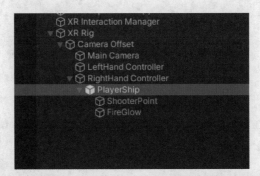

图 15-28　将 PlayerShip 作为 RightHand Controller 的子对象

为 PlayerShip 子对象添加 Rigidbody 组件并开启 Is Kinematic 选项，如图 15-29 所示。

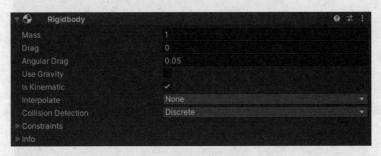

图 15-29　Rigidbody 组件

为 PlayerShip 子对象添加 Mesh Collider 组件并开启 Convex 选项，如图 15-30 所示。

图 15-30　Mesh Collider 组件

为 PlayerShip 子对象添加 ShooterPoint 子对象，并将其移至玩家飞船的鼻端，如图 15-31 所示。

为 PlayerShip 子对象添加 FireGlow 子对象，并将其移至玩家飞船的尾端，如图 15-32 所示。

为 FireGlow 子对象对象添加粒子系统，粒子系统的基本设定如图 15-33 所示。

FireGlow 子对象的粒子系统的 Emission 部分的设定如图 15-34 所示。

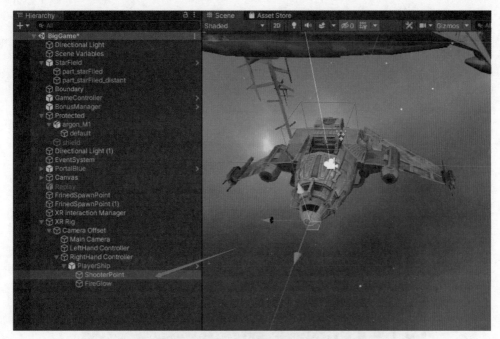

图 15-31 ShooterPoint 子对象

图 15-32 FireGlow 子对象

FireGlow 子对象的粒子系统的 Shape 部分的设定如图 15-35 所示。

FireGlow 子对象的粒子系统的 Color over Lifetime 部分以及 Size over Lifetime 部分的设定如图 15-36 所示。

FireGlow 子对象的粒子系统的 Renderer 部分的设定如图 15-37 所示。

FireGlow 子对象的粒子系统的 PolySpriteGlow 材质如图 15-38 所示。

为 PlayerShip 子对象添加宏名为 Player 的可视化脚本组件,如图 15-39 所示。

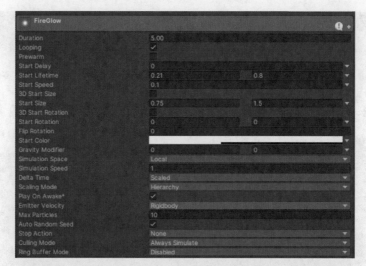

图 15-33 粒子系统的基本设定

图 15-34 Emission 部分的设定

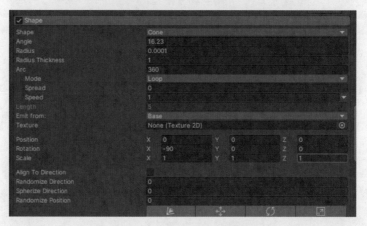

图 15-35 Shape 部分的设定

图 15-36 Color over Lifetime 部分以及 Size over Lifetime 部分的设定

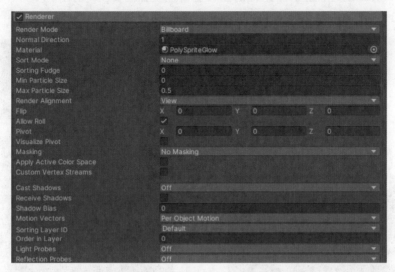

图 15-37　Renderer 部分的设定

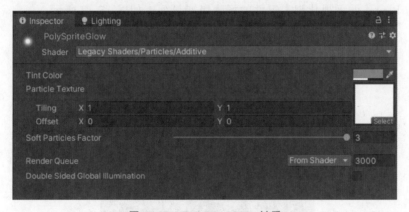

图 15-38　PolySpriteGlow 材质

图 15-39　宏名为 Player 的可视化脚本组件

宏名为 Player 的可视化脚本组件的图级变量列表如图 15-40 所示。

宏名为 Player 的可视化脚本组件的变量级变量列表如图 15-41 所示。

图 15-40　图级变量列表　　　　　　　　图 15-41　变量级变量列表

宏名为 Player 的可视化脚本组件的场景级变量列表如图 15-42 所示。

图 15-42　场景级变量列表

宏名为 Player 的可视化脚本组件的应用级变量列表如图 15-43 和图 15-44 所示。

宏名为 Player 的可视化脚本组件的 Start 事件和 Update 事件部分如图 15-45 所示。

超级单元 Spawn Shot 的可视化脚本的内容如图 15-46 所示。

图 15-43 应用级变量列表 1

图 15-44 应用级变量列表 2

玩家子弹 PlayerBullet 预制件含有名为 VFX 的 Quad 三维游戏子对象以及名为 VFX (1)的副本对象,两者互相相切且垂直,如图 15-47 所示。

名为 VFX 的三维游戏子对象含有 Mesh Filter 以及 Mesh Renderer 组件,如图 15-48 所示。

名为 VFX 的三维游戏子对象,其设定如图 15-49 所示。

PlayerBullet 预制件含有 Capsule Collider 组件,如图 15-50 所示。

PlayerBullet 预制件的 Capsule Collider 组件在 Scene 视图中如图 15-51 所示。

PlayerBullet 预制件含有 Rigidbody 组件,如图 15-52 所示。

PlayerBullet 预制件含有 Audio Source 组件,设定 weapon_player 音频文件为其 AudioClip, 如图 15-53 所示。

PlayerBullet 预制件含有宏名为 PlayShot 的可视化脚本组件,如图 15-54 所示。

宏名为 PlayShot 的可视化脚本组件的对象级变量列表如图 15-55 所示。

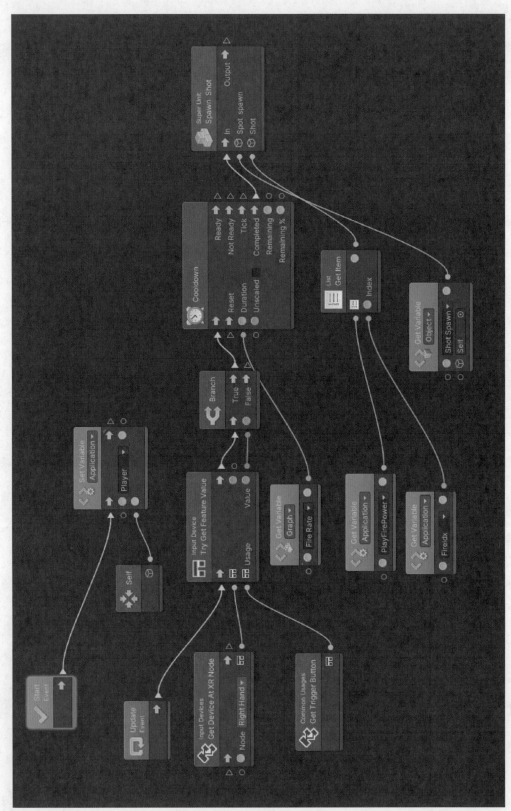

图 15-45　Start 事件和 Update 事件部分

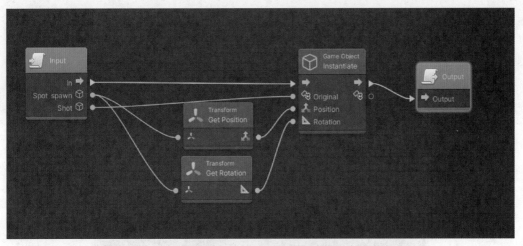

图 15-46 超级单元 Spawn Shot 的可视化脚本的内容

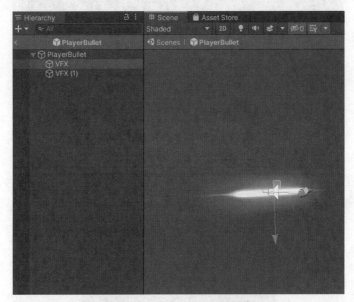

图 15-47 PlayerBullet 预制件

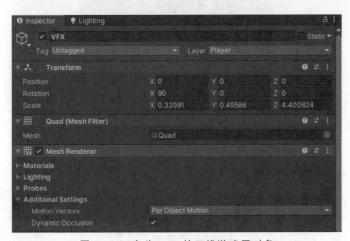

图 15-48 名为 VFX 的三维游戏子对象

图 15-49　名为 VFX 的三维游戏子对象

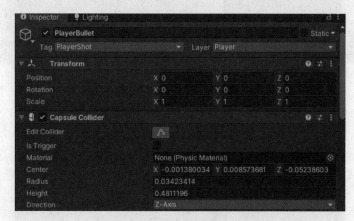

图 15-50　Capsule Collider 组件

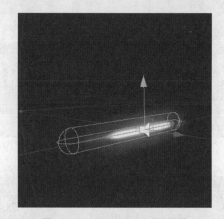

图 15-51　PlayerBullet 预制件

图 15-52　Rigidbody 组件

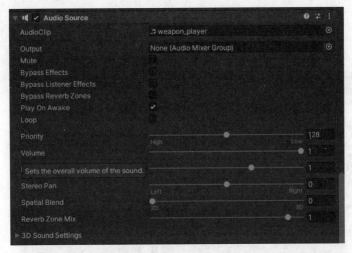

图 15-53 Audio Source 组件

图 15-54 宏名为 PlayShot 的可视化脚本组件

宏名为 PlayShot 的可视化脚本组件的内容如图 15-56 所示,其含有 Mover 以及 Hazard 两个超级单元。

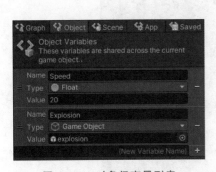

图 15-55 对象级变量列表

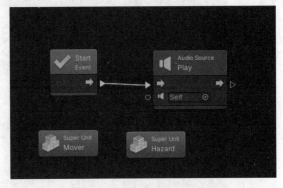

图 15-56 宏名为 PlayShot 的可视化脚本组件的内容

Mover 超级单元的内容如图 15-57 所示。该部分的功能就是将物体朝着前进方向移动。

Hazard 超级单元的内容如图 15-58 所示。其功能主要是判断给谁造成伤害并且在击中目标的时候引发爆炸效果,并修改对应的变量内容。

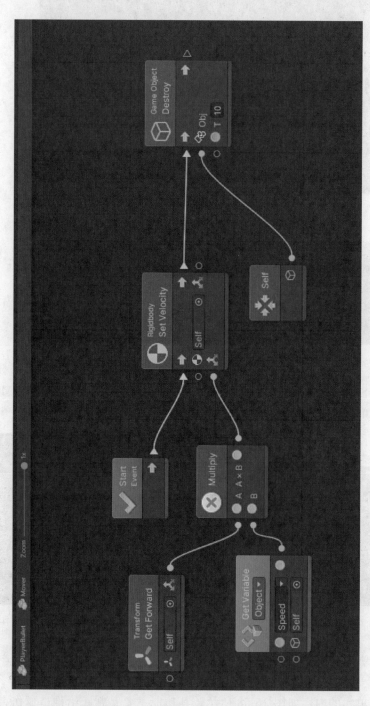

图 15-57　Mover 超级单元的内容

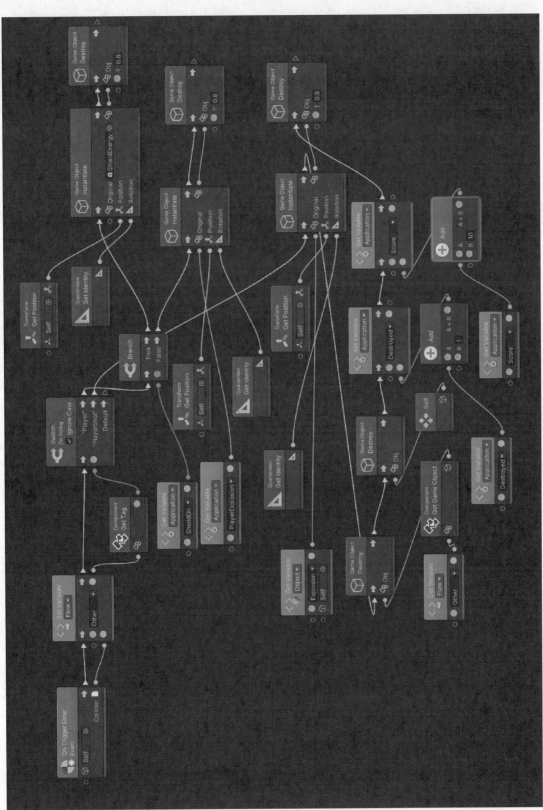

图 15-58 Hazard 超级单元的内容

玩家升级后的子弹 PlayerBulletPowerUp 在 Scene 视图中的外形如图 15-59 所示，它与 PlayerBullet 预制件的不同之处在于：①子弹的光束由 1 条变为 5 条；②碰撞器的半径比 PlayerBullet 预制件的大了很多；③对敌方目标的伤害值是 PlayerBullet 预制件的 5 倍。

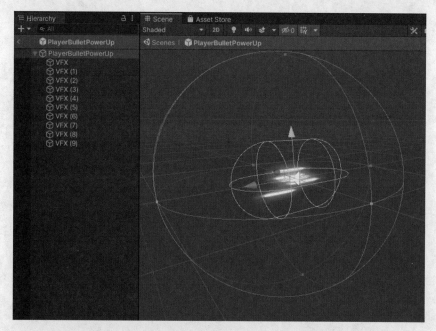

图 15-59　玩家升级后的子弹 PlayerBulletPowerUp

将 XR Rig 下属的 Left Controller 以及 Right Controller 下的其他组件删除，只保留 XR Controller 组件，如图 15-60 所示。

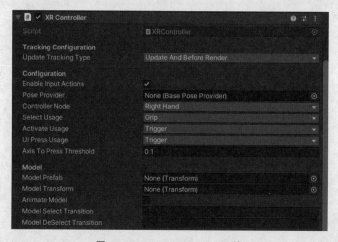

图 15-60　XR Controller 组件

15.4　重启游戏设定

在 Scene 视图中的 Replay 游戏对象如图 15-61 所示。

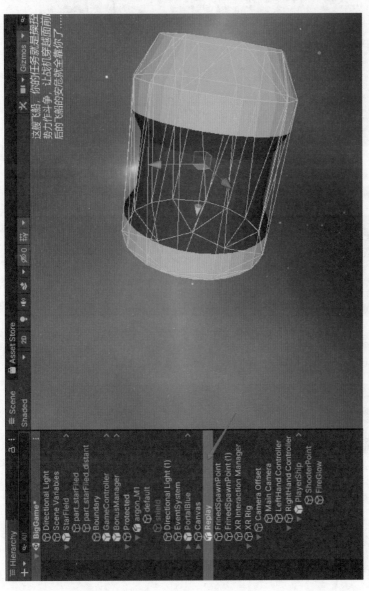

图 15-61　Replay 游戏对象

Replay 对象含有 Mesh Filter 以及 Mesh Renderer 组件，如图 15-62 所示。

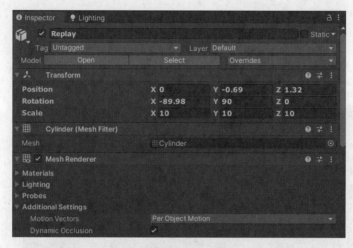

图 15-62　Mesh Filter 以及 Mesh Renderer 组件

Replay 游戏对象的宏名为 Restart 的可视化脚本组件，如图 15-63 所示。

图 15-63　宏名为 Restart 的可视化脚本组件

宏名为 Restart 的可视化脚本组件的对象级变量列表如图 15-64 所示。

图 15-64　对象级变量列表

设定 Replay 游戏对象为不激活，如图 15-65 所示。

图 15-65　设定 Replay 游戏对象为不激活

宏名为 Restart 的可视化脚本组件的 On Trigger Enter 事件以及 Update 事件部分如图 15-66 所示。在 On Trigger Enter 事件中，如果本对象被玩家的子弹击中，则会重启游戏，而在 Update 事件中则本对象会不断旋转。

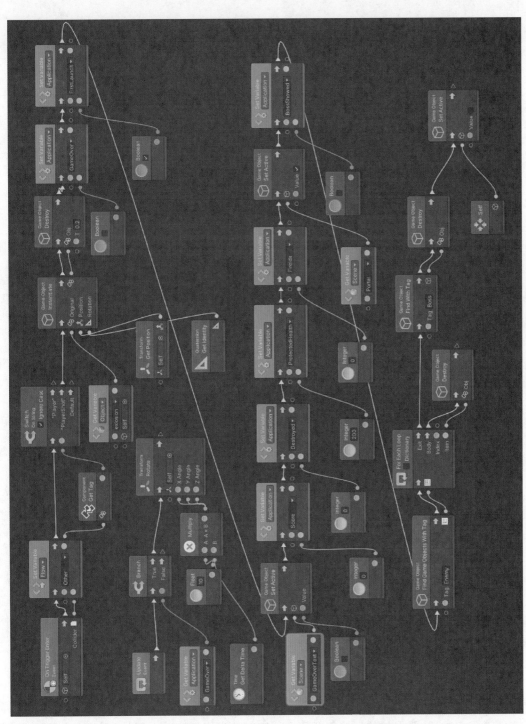

图 15-66 On Trigger Enter 事件以及 Update 事件部分

15.5　游戏管理器设定

游戏管理器的名字叫作 GameController，它含有 Audio Source 组件，AudioClip 为 music_background 音频文件，该音频作为游戏的背景音乐，如图 15-67 所示。

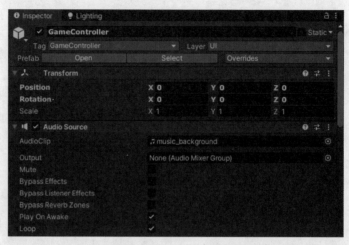

图 15-67　Audio Source 组件

GameController 游戏对象的宏名为 GameControler 的可视化脚本组件，如图 15-68 所示。

图 15-68　宏名为 GameControler 的可视化脚本组件

宏名为 GameControler 的可视化脚本组件的图级变量列表如图 15-69 所示。

宏名为 GameControler 的可视化脚本组件的对象级变量列表如图 15-70 所示。

宏名为 GameControler 的可视化脚本组件的 Start 事件部分如图 15-71 所示。

宏名为 GameControler 的可视化脚本组件的敌人生成 Update 事件部分如图 15-72 所示。该部分每隔一段时间生成敌人，当满足特定条件时生成 Boss 敌人，玩家需要射击 Boss 敌人多次，才能消灭它。

宏名为 GameControler 的可视化脚本组件的运输舰的生命值 Update 事件部分如图 15-73 所示。该部分根据受到敌人子弹的攻击更新运输舰的生命值，当运输舰的生命值小于 0 时，则提示游戏结束。

在游戏设定中，从要保护的运输舰两侧会不定时地生成玩家的友舰，该友舰会自动朝着敌人射击，减轻玩家的压力。生成玩家的友舰的部分的内容如图 15-74 所示。

图 15-69　图级变量列表

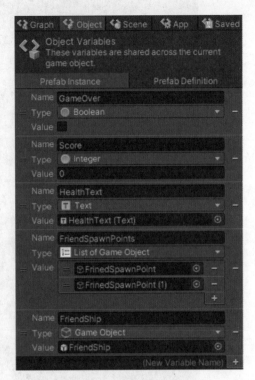

图 15-70　对象级变量列表

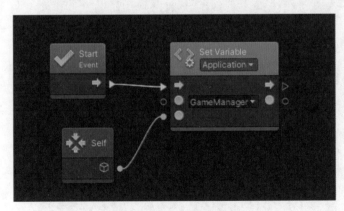

图 15-71　Start 事件部分

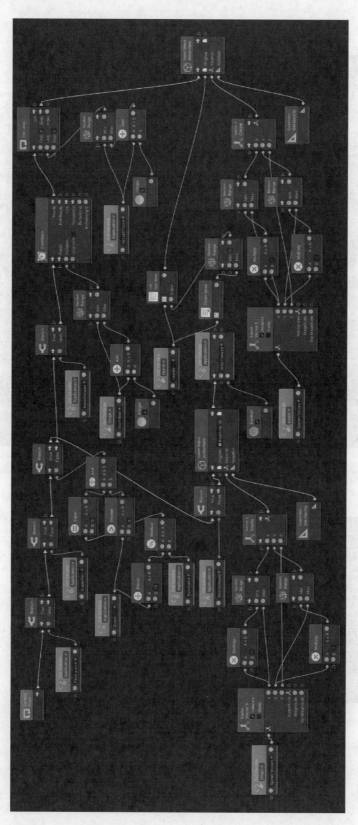

图 15-72 敌人生成 Update 事件部分

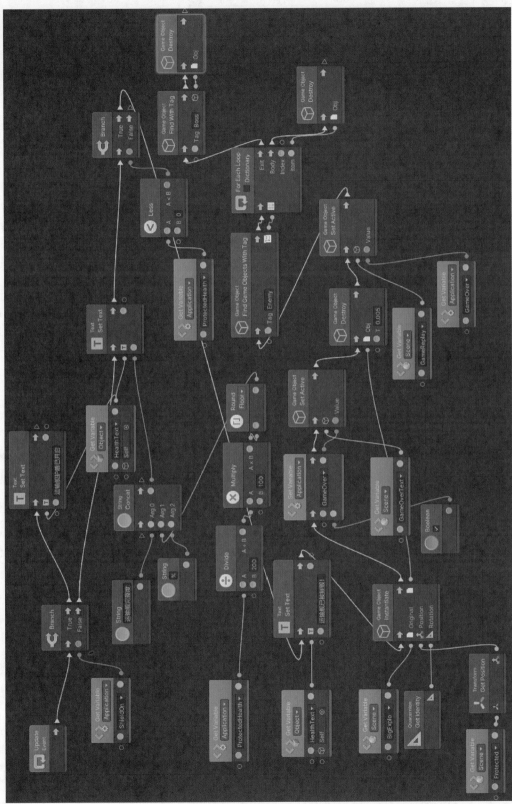

图 15-73 运输舰的生命值 Update 事件部分

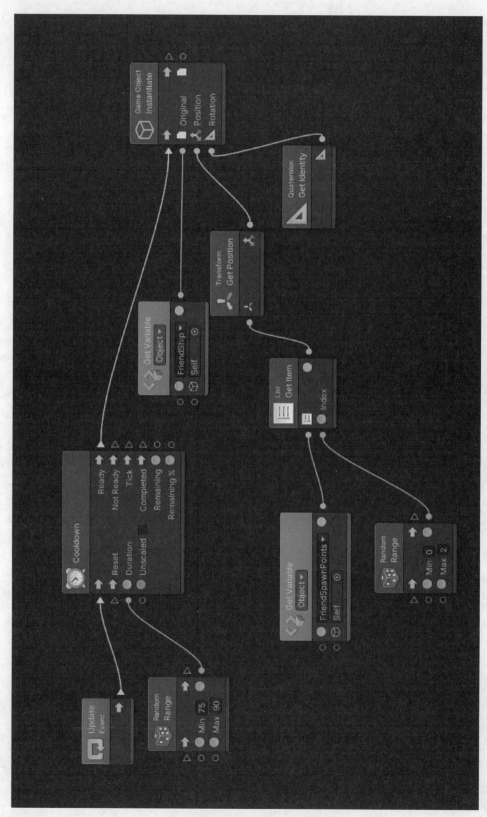

图 15-74 生成玩家的友舰的部分内容

15.6 奖励管理器设定

当玩家击毁敌人达到一定数量后,系统会随机给出奖励,该功能由名为 BonusManager 的游戏对象来实现,如图 15-75 所示。

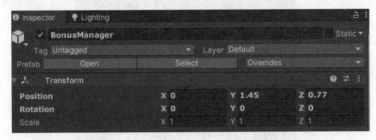

图 15-75 名为 BonusManager 的游戏对象

BonusManager 游戏对象的宏名为 Bonus 的可视化脚本组件如图 15-76 所示。

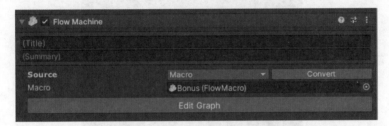

图 15-76 宏名为 Bonus 的可视化脚本组件

宏名为 Bonus 的可视化脚本组件的对象级变量列表如图 15-77 所示。

图 15-77 对象级变量列表

宏名为 Bonus 的可视化脚本组件的 Update 事件部分如图 15-78 所示。该部分在玩家击毁累计 20 个目标后,系统会在奖励列表中随机抽出一个奖励物品。

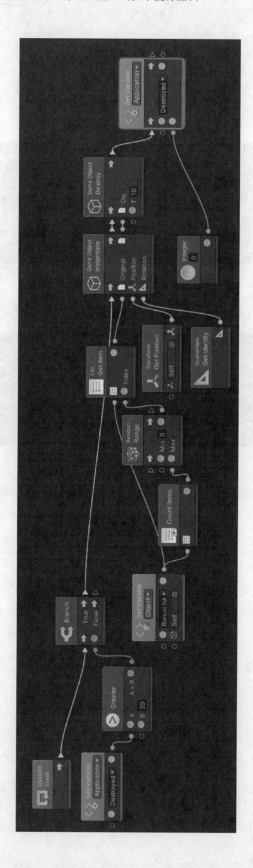

图 15-78 Update 事件部分

可视化脚本组件的 FireUp 自定义事件发生时,即当奖励物品是增强火力时,给玩家 60 秒的火力提升时间;可视化脚本组件的 ShielUp 自定义事件发生时,即当奖励物品为护盾时,给玩家保护的运输舰 60 秒的无敌时间,如图 15-79 所示。

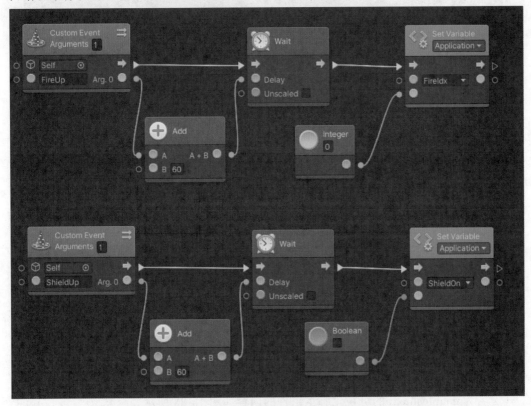

图 15-79　FireUp 以及 ShielUp 自定义事件

在 Scene 视图中护盾奖励物品 PowerupIconShield 如图 15-80 所示。

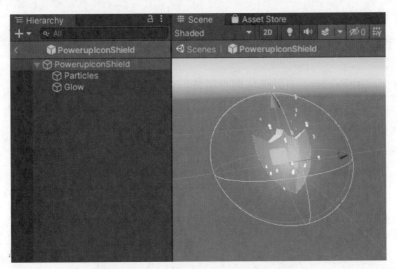

图 15-80　护盾奖励物品 PowerupIconShield

PowerupIconShield 游戏对象含有 Sphere Collider 组件且 Is Trigger 选项处于开启状态，如图 15-81 所示。

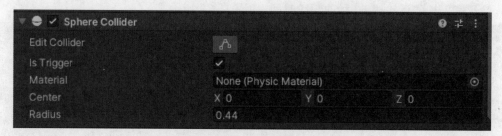

图 15-81   Sphere Collider 组件

PowerupIconShield 游戏对象的宏名为 enableshield 的可视化脚本组件如图 15-82 所示。

图 15-82   宏名为 enableshield 的可视化脚本组件

宏名为 enableshield 的可视化脚本组件的内容如图 15-83 所示。

在 Scene 视图中运输舰回血奖励物品 PowerupIconHealth 如图 15-84 所示。

PowerupIconHealth 游戏对象含有 Sphere Collider 组件且 Is Trigger 选项处于开启状态，如图 15-85 所示。

PowerupIconHealth 游戏对象的宏名为 HealthRecover 的可视化脚本组件如图 15-86 所示。

宏名为 HealthRecover 的可视化脚本组件的内容如图 15-87 所示。

在 Scene 视图中火力增强奖励物品 PowerupIconAmmo 如图 15-88 所示。

PowerupIconAmmo 游戏对象含有 Sphere Collider 组件且 Is Trigger 选项处于开启状态，如图 15-89 所示。

PowerupIconAmmo 游戏对象的宏名为 FirePowerUp 的可视化脚本组件如图 15-90 所示。

宏名为 FirePowerUp 的可视化脚本组件的内容如图 15-91 所示。

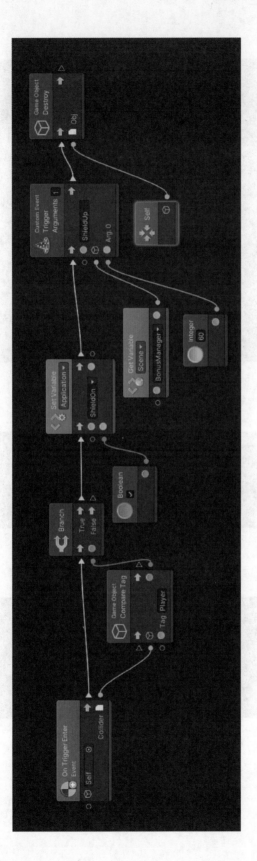

图 15-83 可视化脚本组件的内容

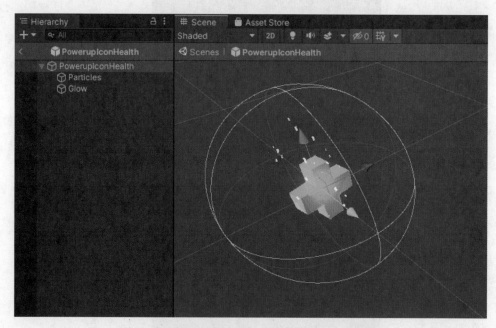

图 15-84　运输舰回血奖励物品 PowerupIconHealth

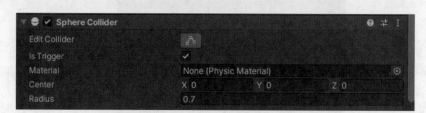

图 15-85　Sphere Collider 组件

图 15-86　宏名为 HealthRecover 的可视化脚本组件

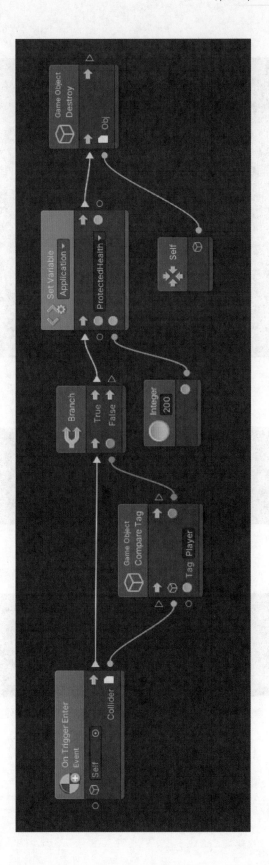

图 15-87　可视化脚本组件的内容

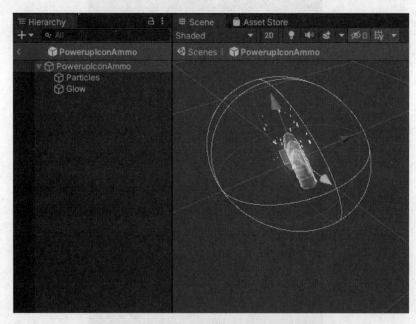

图 15-88　火力增强奖励物品 PowerupIconAmmo

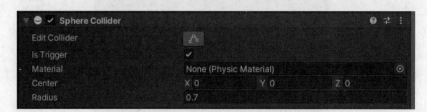

图 15-89　Sphere Collider 组件

图 15-90　宏名为 FirePowerUp 的可视化脚本组件

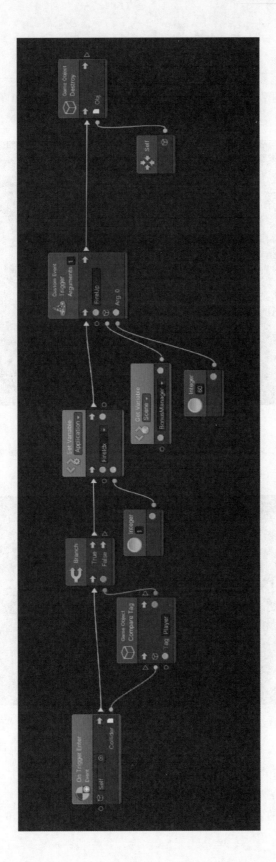

图 15-91 可视化脚本组件的内容

15.7　敌人设定

在本游戏中所有的敌人都是由游戏管理器生成的，在 Scene 视图中预制件 Enemy 如图 15-92 所示。

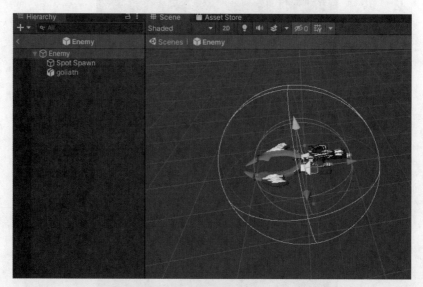

图 15-92　预制件 Enemy

在 Scene 视图中另一个预制件 Enemy2 如图 15-93 所示。预制件 Enemy2 和预制件 Enemy 具有相同的设定，只是模型不一样。

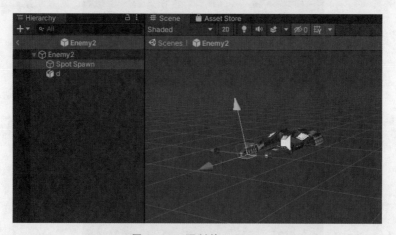

图 15-93　预制件 Enemy2

Enemy2 游戏对象含有 Sphere Collider 组件且 Is Trigger 选项处于开启状态，Audio Source 组件的 AudioClip 设定为 weapon_enemy，如图 15-94 所示。

Enemy2 游戏对象的 Rigidbody 组件如图 15-95 所示。

Enemy2 游戏对象的宏名为 Enemy 的可视化脚本组件如图 15-96 所示。

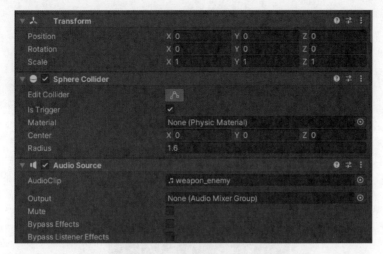

图 15-94　Sphere Collider 和 Audio Source 组件

图 15-95　Rigidbody 组件

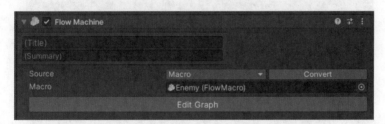

图 15-96　宏名为 Enemy 的可视化脚本组件

宏名为 Enemy 的可视化脚本组件的图级变量列表如图 15-97 所示。

宏名为 Enemy 的可视化脚本组件的对象级变量列表如图 15-98 所示。

宏名为 Enemy 的可视化脚本组件的 Start 事件部分以及 EnMover 和 Hazard 超级单元如图 15-99 所示。该部分用于初始化变量以及进行移动。

宏名为 Enemy 的可视化脚本组件的 Fixed Update 事件部分如图 15-100 所示。该部分用于移动敌人的飞船并让敌人的飞船在飞行中进行翻转,该功能由超级单元 Apply Tilt 实现,由 Clamp Position 超级单元限制敌人飞船的空间位置。

Clamp Position 超级单元的内容如图 15-101 所示。

Apply Tilt 超级单元的内容如图 15-102 所示。

宏名为 Enemy 的可视化脚本组件的 Start 事件部分如图 15-103 所示。该部分随着一定的间隔时间发射子弹,发射子弹的功能由超级单元 Spawn Shot 实现。

图 15-97　图级变量列表

图 15-98　对象级变量列表

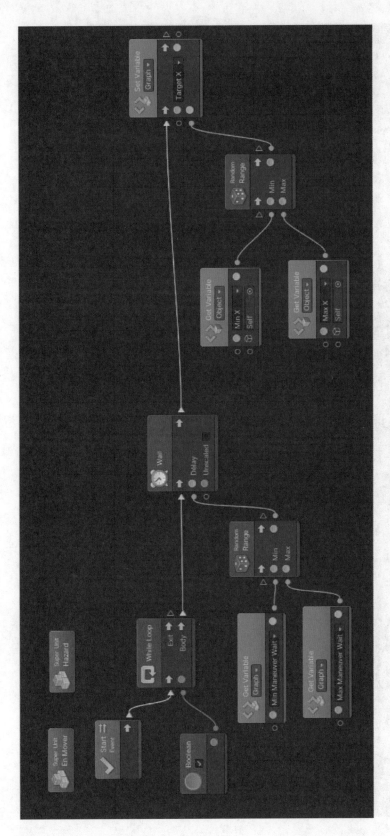

图 15-99 Start 事件部分以及 EnMover 和 Hazard 超级单元

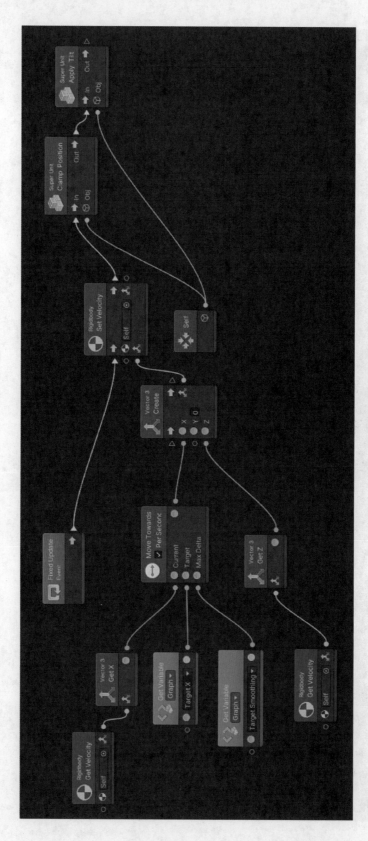

图 15-100　Fixed Update 事件部分

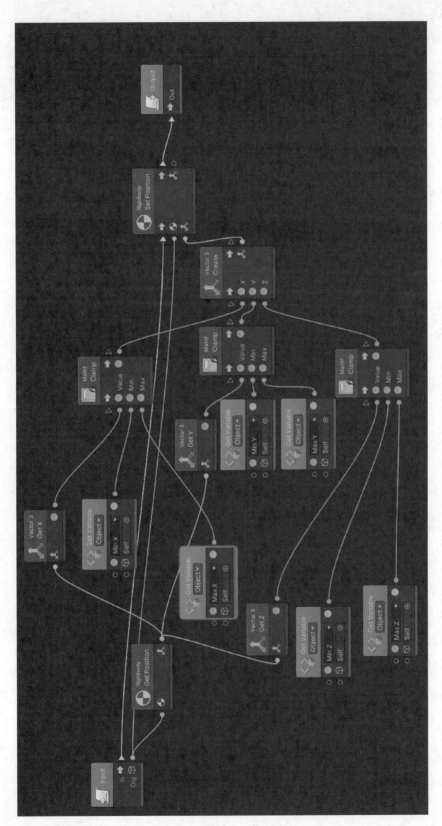

图 15-101 Clamp Position 超级单元的内容

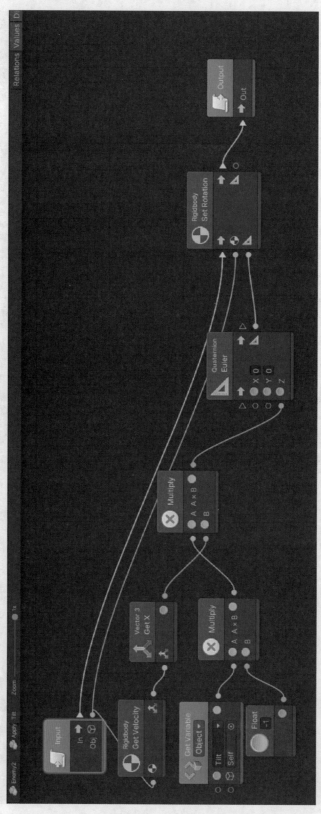

图 15-102　Apply Tilt 超级单元的内容

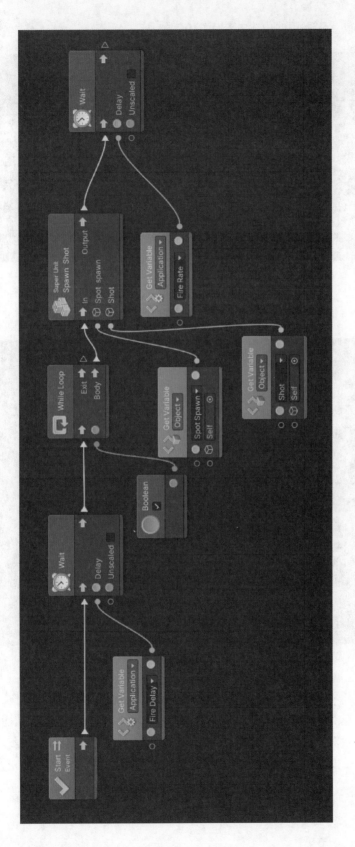

图 15-103 Start 事件部分

超级单元 Spawn Shot 的内容如图 15-104 所示。

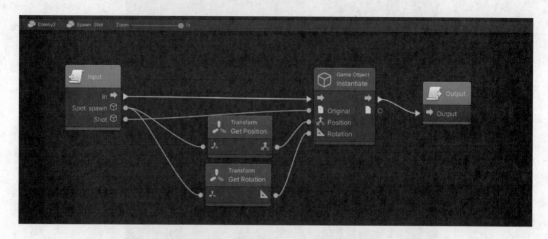

图 15-104　超级单元 Spawn Shot 的内容

在 Scene 视图中预制件 Asteroid 如图 15-105 所示。

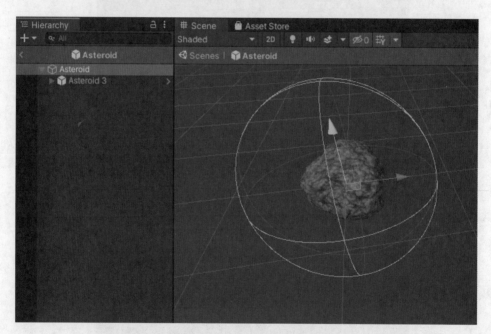

图 15-105　预制件 Asteroid

Asteroid 游戏对象含有 Rigidbody 组件，关闭 Use Gravity 选项，如图 15-106 所示。
Asteroid 游戏对象含有 Sphere Collider 组件，开启 Is Trigger 选项，如图 15-107 所示。
Asteroid 游戏对象的宏名为 Asteroid 的可视化脚本组件如图 15-108 所示。
宏名为 Asteroid 的可视化脚本组件的对象级变量列表如图 15-109 所示。

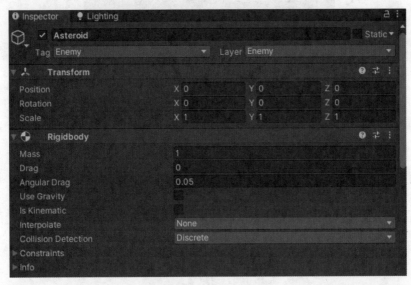

图 15-106 Rigidbody 组件

图 15-107 Sphere Collider 组件

图 15-108 宏名为 Asteroid 的可视化脚本组件

图 15-109　对象级变量列表

宏名为 Asteroid 的可视化脚本组件的内容如图 15-110 所示。其主要功能是旋转该物体，Mover 超级单元的内容如图 15-57 所示，Hazard 超级单元的内容如图 15-58 所示。

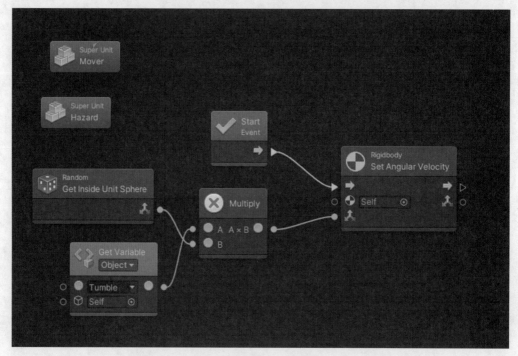

图 15-110　宏名为 Asteroid 的可视化脚本组件的内容

在 Scene 视图中敌人 BossShip 预制件如图 15-111 所示。

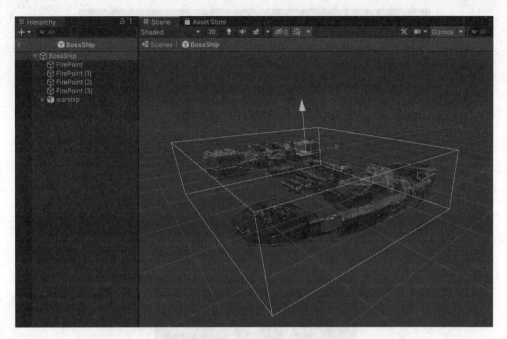

图 15-111　敌人 BossShip 预制件

敌人 BossShip 游戏对象含有 Rigidbody 组件，如图 15-112 所示。

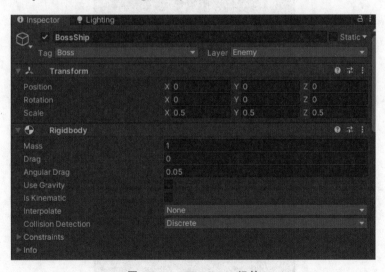

图 15-112　Rigidbody 组件

敌人 BossShip 游戏对象含有 Box Collider 组件，开启 Is Trigger 选项，如图 15-113 所示。

敌人 BossShip 游戏对象的宏名为 Boss 的可视化脚本组件如图 15-114 所示。

宏名为 Boss 的可视化脚本组件的对象级变量列表如图 15-115 所示。

宏名为 Boss 的可视化脚本组件的 Update 事件部分的内容如图 15-116 所示。该部分按照一定的时间间隔发射子弹，同时含有 EnMover 超级单元。

图 15-113 Box Collider 组件

图 15-114 宏名为 Boss 的可视化脚本组件

图 15-115 对象级变量列表

宏名为 Boss 的可视化脚本组件的 On Trigger Enter 事件部分的内容如图 15-117 所示。该部分用于响应玩家子弹的射击，当受到的攻击达到一定的数值，则销毁 BossShip 对象，然后执行超级单元 Increase Difficult，增加游戏难度。

超级单元 Increase Difficult 的内容如图 15-118 所示。

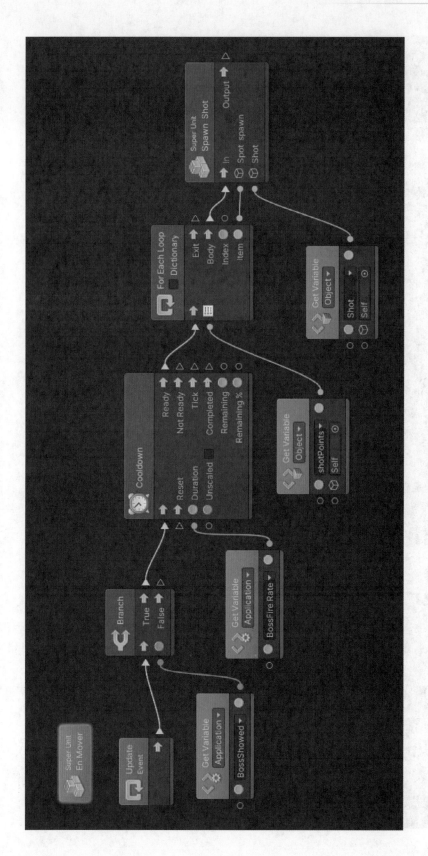

图 15-116 Update 事件部分的内容

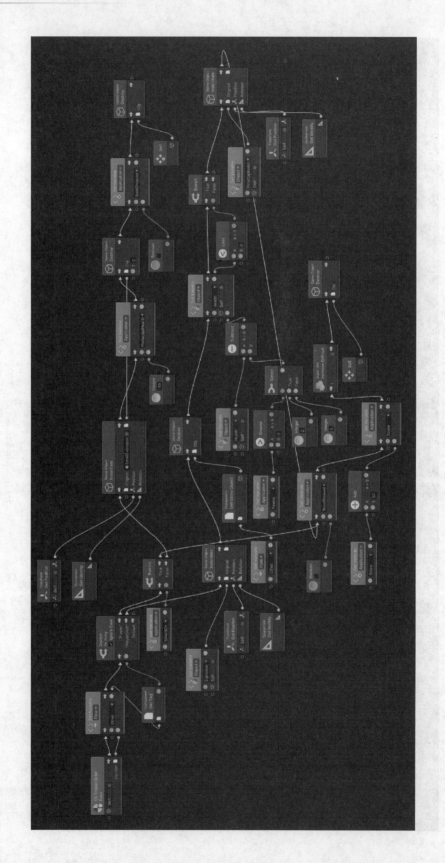

图 15-117　On Trigger Enter 事件部分的内容

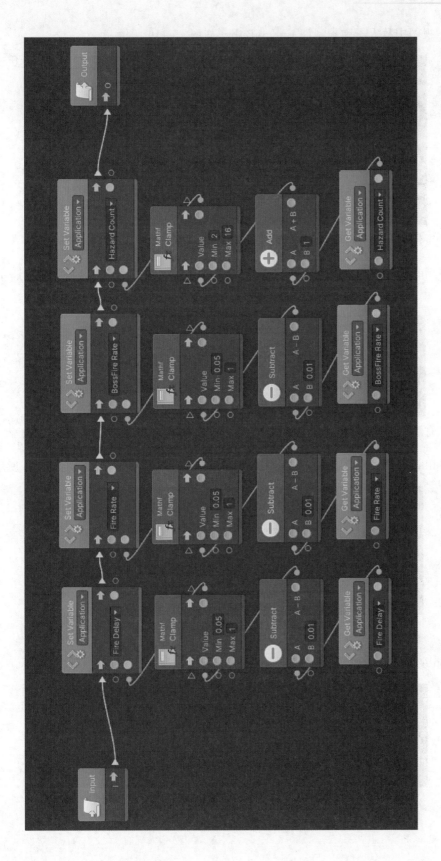

图 15-118 超级单元 Increase Difficult 的内容

在 Scene 视图中敌人子弹预制件 EnemyBullet 如图 15-119 所示。

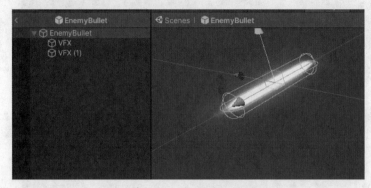

图 15-119　预制件 EnemyBullet

EnemyBullet 游戏对象含有 Capsule Collider 组件，开启 Is Trigger 选项，如图 15-120 所示。

图 15-120　Capsule Collider 组件

EnemyBullet 游戏对象含有 Rigidbody 组件，关闭 Use Gravity 选项，如图 15-121 所示。

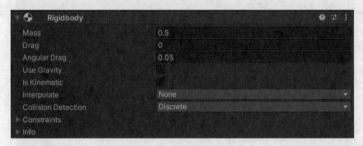

图 15-121　Rigidbody 组件

EnemyBullet 游戏对象的宏名为 EnemyShot 的可视化脚本组件如图 15-122 所示。

图 15-122　宏名为 EnemyShot 的可视化脚本组件

宏名为 EnemyShot 的可视化脚本组件的对象级变量列表如图 15-123 所示。

图 15-123 对象级变量列表

宏名为 EnemyShot 的可视化脚本组件的内容如图 15-124 所示,含有 Mover 以及 Hazard 超级单元。

图 15-124 宏名为 EnemyShot 的可视化脚本组件的内容

第 16 章

"复旦校史馆" 应用

复旦大学校史馆位于上海市杨浦区邯郸路 220 号的复旦校园内,面积达 700 多平方米,可同时容纳 200~300 人参观。校史馆展示了复旦百年的沧桑历史和历年来的发展成就。其中很多文物十分有价值,有中国最"老"的毕业文凭,有孙中山先生题下的"天下为公"的条幅,有复旦大学老校长陈望道首译的《共产党宣言》中文全译本等。复旦大学校史馆是复旦大学最重要的地标之一,也是上海市、杨浦区两级爱国主义教育基地。

但是 2020 年伊始,突如其来的新冠肺炎疫情使得在线下参观校史馆成为了一种奢望,虽然在 2020 年 5 月,复旦大学校史馆推出了基于 720°全景影像技术的导览系统,逐一记录校史馆各个场景,通过漫游视角使参观者在"云端"即可获得身临其境的观展体验,但是该系统在交互性和沉浸性上稍有欠缺,为此本书作者协同复旦大学计算机科学技术学院 10 名本科生基于移动虚拟现实技术真实还原校史馆场景,以震撼的效果传达震撼的思想,以课程思政建设为引领,作者带领学生在专业探索中深入校史、学习党史,运用专业知识打造校史学习新空间,学以致用,将"复旦校史馆"应用免费在 HTC VivePort 上发布,使得更多的人足不出户就能在虚拟现实中参观校史馆。

16.1 场景建模

复旦大学校史馆原名奕柱堂,是复旦大学现存最早的外观保持原貌的建筑。奕柱堂1921 年建成之后,作为校办公楼及图书室使用,1929 年扩建两翼,改为图书馆,将新增部分命名为仙舟图书馆。2005 年在复旦大学百年校庆之际,翻修后的奕柱堂成为复旦大学的校史馆。由于复旦校史馆建筑本身年代久远,几经翻修,原始建筑图纸几乎无法使用,所以本项目利用 iPad 上的 3DSanner APP 和 iPad 本身携带的 LiDAR(Light Detection And Ranging)激光雷达对建筑外观进行扫描重构,测得建筑本身的几何数据,如图 16-1 所示。

再利用这些数据在建模软件 Blender 中重建校史馆的外层建筑,如图 16-2 所示。然后利用 Substance Painter 为建筑模型的材质上色并导出为 OBJ 文件和材质纹理文件待用。

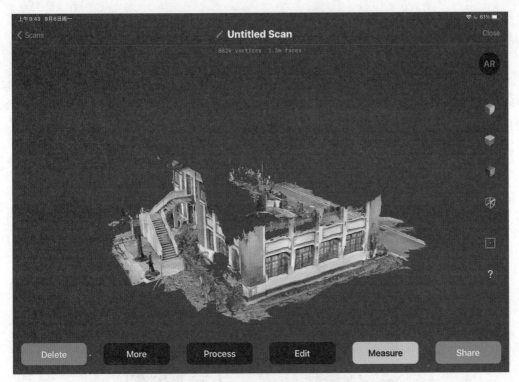

图 16-1　对建筑外观进行扫描重构

图 16-2　校史馆的外层建筑

16.2　展品建模

以校史馆的重要展品复旦大学校钟——"五四上海第一钟"为例，1919 年 5 月 6 日，复旦大学国文教授把北京发生五四运动的消息带到复旦大学，学生们敲响了这口校钟，如图 16-3 所示，在上海掀起了声援北京的学生运动。

本项目利用 Blender 软件为该钟从零开始建模，建模后的结果如图 16-4 所示。

图 16-3　复旦大学校钟

图 16-4　建模后的结果

再由 Substance Painter 对建模后通过 Blender 导出的 FBX 文件进行纹理绘制，如图 16-5 所示。在完成纹理绘制后，导出为 OBJ 文件和材质纹理文件待用。

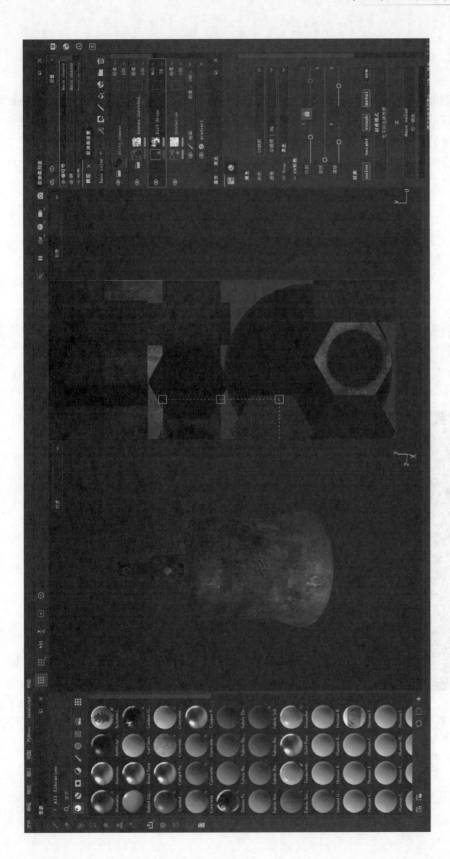

图 16-5　Substance Painter

16.3　场景设计

导入前期准备的 OBJ 和纹理素材,在 Unity 中搭建 VR 场景,将 XR Rig 游戏对象放置在校史馆建筑的大门入口处,XR Rig 的设定参考第 2 章的内容。在 XR Rig 游戏对象前方放置一个简单的 UI,提示用户该如何操作,如图 16-6 所示。

图 16-6　第一个场景

如果将整个校史馆的所有展区以及展品统统放进一个场景中,对于有限处理能力的移动 VR 设备而言是无法载入该场景的,最终会导致程序崩溃。因此本项目将室外建筑单独做一个场景,在 Blender 中对室内展区进行分割化建模,并且让区域之间存在互相交集,如图 16-7 所示。

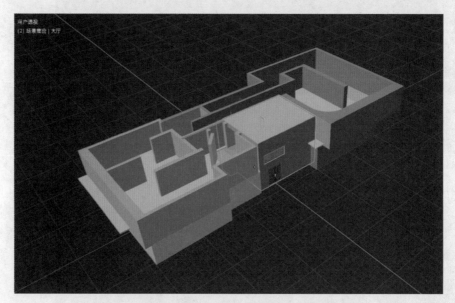

图 16-7　在 Blender 中对室内展区进行分割化建模

将大厅作为一个独立的场景,如图 16-8 所示。

将进门后的第一个展厅作为独立场景,如图 16-9 所示。

图 16-8 大厅

图16-9 第一个展厅

场景和场景之间通过 Portal 游戏对象进行切换，Portal 游戏对象位于如图 16-7 所示的区域之间交集的位置，如图 16-10 所示。

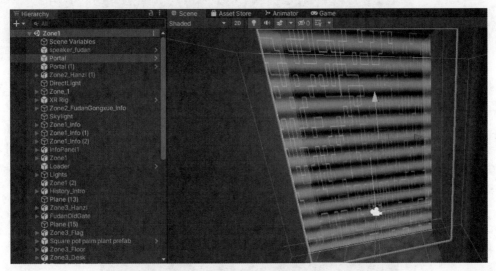

图 16-10 Portal 游戏对象

在 Inspector 视图中的 Portal 游戏对象的 Mesh Renderer 组件如图 16-11 所示。

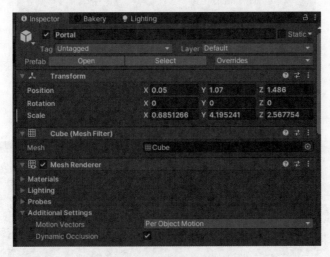

图 16-11 Mesh Renderer 组件

Portal 游戏对象含有 Box Collider 组件，开启 Is Trigger 选项，如图 16-12 所示。

图 16-12 Box Collider 组件

Portal 游戏对象的宏名为 Zone12Hall 的可视化脚本组件如图 16-13 所示。

图 16-13　宏名为 **Zone12Hall** 的可视化脚本组件

Zone12Hall 的可视化脚本组件的内容如图 16-14 所示。其中超级单元 TransScene 用于场景切换。Old Name 是指旧场景，New Name 是指新场景，Offset 是指切换到新场景后要修正的三维坐标的偏移。

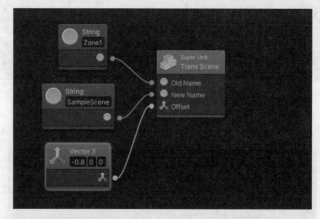

图 16-14　**Zone12Hall** 的可视化脚本组件的内容

超级单元 TransScene 的内容如图 16-15 所示。

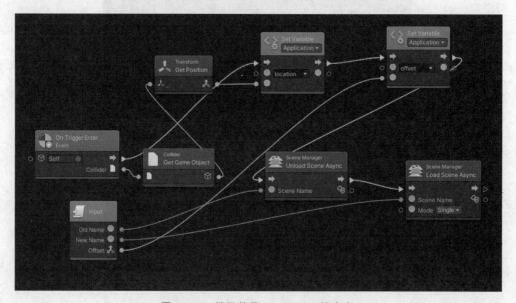

图 16-15　超级单元 **TransScene** 的内容

16.4　交互设计

在 VR 展示类应用中经常需要和展品进行交互,例如在 Zone1 场景中的展品下有一个形如喇叭的提示物,该提示物表明关于此展品还有相应的语音介绍,在 Hierarchy 视图中以 speaker 为前缀名,例如本例中的 speaker_fudan 游戏对象,如图 16-16 所示。

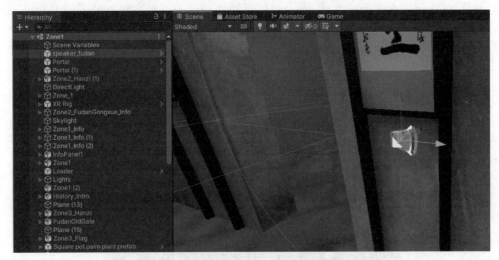

图 16-16　形如喇叭的提示物

speaker_fudan 游戏对象的 Audio Source 组件的 AudioClip 中指定了对应的音频解说——"复旦的由来",如图 16-17 所示。

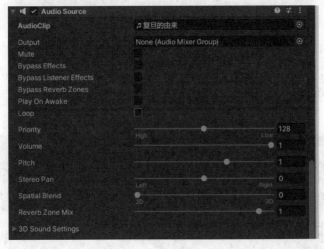

图 16-17　Audio Source 组件

speaker_fudan 游戏对象含有 Mesh Collider 组件,开启 Convex 选项,如图 16-18 所示。

speaker_fudan 游戏对象含有 XR Simple Interactable 组件,在控制器的 Ray Interactor 射出的射线触碰到 speaker_fudan 游戏对象时,顺序执行 On Hover Entered 事件响应列表

图 16-18　Mesh Collider 组件

中的条目,在本例中首先暂停背景音乐,然后播放音频解说;在控制器的 Ray Interactor 射出的射线偏离 speaker_fudan 游戏对象时,顺序执行 On Hover Exited 事件响应列表中的条目,在本例中首先暂停音频解说,然后播放背景音乐,如图 16-19 所示。

图 16-19　XR Simple Interactable 组件

在本 VR 应用中的 1938 年和 1945 年的展厅中,如果用控制器对准墙上开关按键按下控制器的 Grip 按钮,承载着 1938—1945 年复旦精神的北碚校区沙盘便会浮现在空中,如图 16-20 所示。

图 16-20　北碚校区沙盘

该功能实现的具体步骤是将事先建模的北碚校区沙盘模型放入 Hierarchy 视图中,调整其位置,将其放置在展厅中央悬空的位置,然后将其 Transform 信息中的 Scale 属性全部设为 0,为其添加 Animator 组件,并设定 Animator 组件的 Controller 为自行建立的动画控制器 BeiBeiAC,如图 16-21 所示。

图 16-21　Animator 组件

动画控制器 BeiBeiAC 含有 Small 和 Normal 两个状态,该动画控制器含有 Big 和 Small 两个触发器变量,如图 16-22 所示。

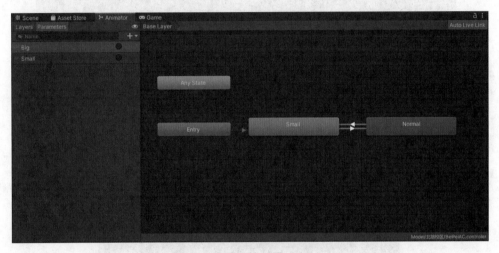

图 16-22　动画控制器 BeiBeiAC

Small 状态的动画实际上就是一直保持 Scale 的三个分量为 0,如图 16-23 所示。

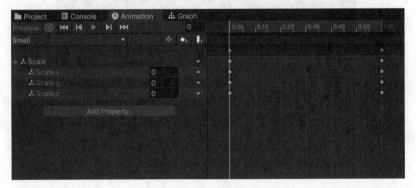

图 16-23　Small 状态的动画

Small 状态的动画的 Loop Time 选项处于开启状态,表明该动画一直处于循环状态,如图 16-24 所示。

Normal 状态的动画实际上就是一直保持 Scale 的三个分量为 1,如图 16-25 所示。

图 16-24　Loop Time 选项

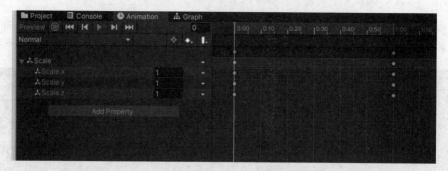

图 16-25　Normal 状态的动画

Normal 状态的动画的 Loop Time 选项处于开启状态，表明该动画一直处于循环状态，如图 16-26 所示。

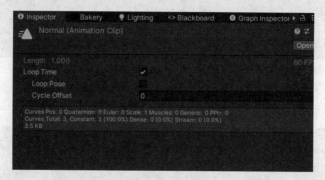

图 16-26　Loop Time 选项

由 Normal 状态转移到 Small 状态的条件是 Small 触发器被开启，如图 16-27 所示。

由 Small 状态转移到 Normal 状态的条件是 Big 触发器被开启，如图 16-28 所示。

本项目把用于显示北碚校区沙盘的按钮 BiggerButton 放置在墙上，当控制器的 Ray Interactor 射出的射线触碰到此按钮并按下控制器的 Grip 按钮时，沙盘将会显现，如图 16-29 所示。

BiggerButton 其实是 Cube 对象，在 Inspector 视图中可以看到其属性，如图 16-30 所示。

BiggerButton 游戏对象含有 Box Collider 组件，如图 16-31 所示。

BiggerButton 游戏对象含有 XR Simple Interactable 组件，在控制器的 Ray Interactor

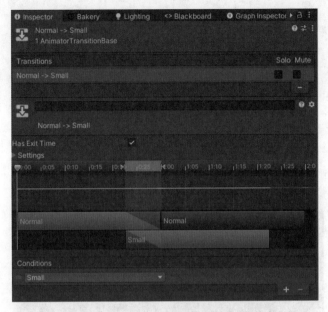

图 16-27　由 Normal 状态转移到 Small 状态

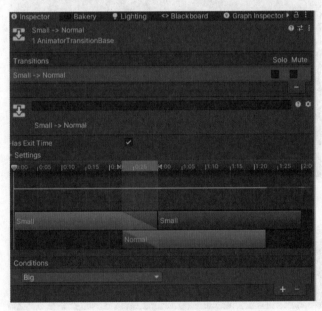

图 16-28　由 Small 状态转移到 Normal 状态

射出的射线触碰到 BiggerButton 游戏对象并按下控制器的 Grip 按钮时,顺序执行 On Select Entered 事件响应列表中的条目,在本例中首先设定动画控制器 BeiBeiAC 触发器变量 Big,然后显示缩小按钮 SmallButton,接着隐藏 BiggerButton 游戏对象,如图 16-32 所示。

而在场景中紧挨着 BiggerButton 游戏对象的 SmallButton 也是一个 Cube 对象,其默认处于失效状态,如图 16-33 所示。

图 16-29　显示北碚校区沙盘的按钮 BiggerButton

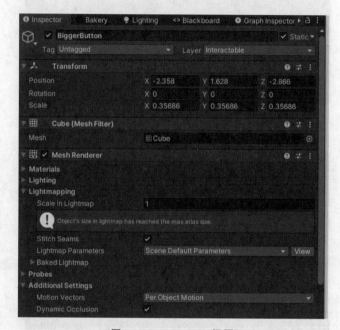

图 16-30　Inspector 视图

图 16-31　Box Collider 组件

　　SmallButton 游戏对象含有 XR Simple Interactable 组件，在控制器的 Ray Interactor 射出的射线触碰到 SmallButton 游戏对象并按下控制器的 Grip 按钮时，顺序执行 On Select Entered 事件响应列表中的条目，在本例中首先设定动画控制器 BeiBeiAC 触发器变量 Small，然后显示 BiggerButton 对象，接着隐藏 SmallButton 游戏对象，如图 16-34 所示。

图 16-32 XR Simple Interactable 组件

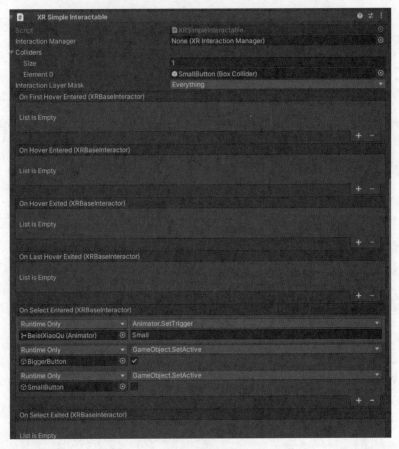

图 16-33 SmallButton 游戏对象

图 16-34 XR Simple Interactable 组件

图书资源支持

感谢您一直以来对清华版图书的支持和爱护。为了配合本书的使用,本书提供配套的资源,有需求的读者请扫描下方的"书圈"微信公众号二维码,在图书专区下载,也可以拨打电话或发送电子邮件咨询。

如果您在使用本书的过程中遇到了什么问题,或者有相关图书出版计划,也请您发邮件告诉我们,以便我们更好地为您服务。

我们的联系方式:

地　　址:北京市海淀区双清路学研大厦 A 座 714

邮　　编:100084

电　　话:010-83470236　010-83470237

客服邮箱:2301891038@qq.com

QQ:2301891038(请写明您的单位和姓名)

资源下载:关注公众号"书圈"下载配套资源。

资源下载、样书申请

书圈

图书案例

清华计算机学堂

观看课程直播